职业教育“十四五”精品规划教材
互联网+新形态一体化教材

电工电子技术实训教程

主　编　张培参　徐天宏
副主编　方文长　刘贤飞　马宇帆
　　　　张　浩　陈福寿

天津大学出版社
TIANJIN UNIVERSITY PRESS

图书在版编目（CIP）数据
电工电子技术实训教程 / 张培参，徐天宏主编 ；方
文长等副主编. -- 天津 ：天津大学出版社，2025. 3(2025.9重印).
(职业教育“十四五”精品规划教材）（互联网+新形态一
体化教材）. -- ISBN 978-7-5618-7951-1
Ⅰ. TM；TN
中国国家版本馆CIP数据核字第2025D7P657号

出版发行	天津大学出版社
地　　址	天津市卫津路92号天津大学内（邮编：300072）
电　　话	发行部：022-27403647
网　　址	www.tjupress.com.cn
印　　刷	天津泰宇印务有限公司
经　　销	全国各地新华书店
开　　本	787mm×1092mm　1/16
印　　张	11.25
字　　数	281千
版　　次	2025年3月第1版
印　　次	2025年9月第2次
定　　价	58.00元

编委会

主　编： 张培参　徐天宏

副主编： 方文长　刘贤飞　马宇帆

张　浩　陈福寿

参　编： 张永斌　罗瑞璐　白瑞鹏

王福强　杨晓舟

前　言

《电工电子技术实训教程》采用职业导向构建课程体系，模块与职业资格证书相对接，打破传统的教学方式，以“项目+任务”的方式组织教学，避免知识的重复讲解以及课程之间的相互影响，并且理论与实际相结合，可以及时将新的知识和技术融入课程内容，做到与时俱进，让学生能够学到真正有用的符合时代要求的知识技能，提高教学的效率和质量。

在电工电子以及机械自动化领域，以职业为导向，通过项目化构建的教材在教学的过程中是值得借鉴和推广的课程书籍。《电工电子技术实训教程》采用表格式、项目化的方式呈现，表格呈现的内容包括教学目标、教学重难点、教法、学法、项目导读、项目任务。每个教学任务包括任务要求、实训设备、任务内容、任务小结，条理清晰，便于修改，便于及时吸纳融入新方法、新技术、新工艺、新标准及典型生产案例进入教学内容，便于制作成为活页式、生产手册式教材，能提高一线教师的教学效率和同学们的学习效率。

编委会通过分析学生的特点，按照职业教育的发展规律和学生的成长规律，重视学生的动手实践能力，以任务驱动的教学方式进行编写，涉及的理论全部融入具体的实验，在实验的基础上理解理论，从而达到掌握知识和技能的目的，达到理实一体的教学目标。

《电工电子技术实训教程》的编写从 2021 年 9 月申报“三年制应用电子技术专业高职课程改革方案探究”课改项目以来，在张培参、徐天宏老师的带领和引导下，方文长老师根据《电工》国家职业技能标准的要求，总结出 13 个能够包含《电工》中级和高级职业资格鉴定必考的内容的项目。从这 13 个项目中选出《电烙铁的使用》作为项目模板，项目模板历经 10 余稿的修改和打磨，最后定稿。其他项目参考《电烙铁的使用》项目进行编写，其中《电烙铁的使用》《实验室管理制度》由方文长老师编写，《常用的电路分析定律》由刘贤飞老师、张永斌老师以及罗瑞璐老师编写，《基本电路》由马宇帆和罗瑞璐老师编写，《家庭电路的识图和接线》《三菱 PLC 控制三相交流异步电动机》由张浩老师编写，《汇川 PLC 控制三相交流异步电动机》由陈福寿老师编写，《常用电工工具》由张永斌老师编写，《电气控制的安装与调试》由罗瑞璐老师编写，《二极管的原理及其应用》由白瑞鹏老师编写，《CA6140 车床控制电路》由王福强老师编写，《心形流水灯的原理及其制作》由杨晓舟老师编写，《常用电路测量工具》由张永斌老师、杨晓舟老师编写。项目中，所有的情感目标和思政目标，由徐天宏老师提供素材，方文长老师根据素材择优选用。为了使本书描述更专业，表达更通顺，方文长老师、张永斌老师对通篇文字进行了修改，为了使项目更有逻辑性，张培参老师对项目进行了调整。这 13 个项目由各个老师亲自在实验室进行实验，然后进行总结，总结完毕形成初稿，初稿经过一个学期的试用，得到了任课老师和同学们的一致好评。在试用期间，我们也收到了各个任课老师的宝贵修改意见。在经过 10 余次的修改并经张培参、徐天宏审核后，《电工电子技术实训教程》终于成型。

《电工电子技术实训教程》目录由方文长完成，封面由韦蓉老师设计。本书编委会在编写的过程中经过了深入的讨论和研究，旨在编写出版一本优秀的符合职业要求的电工电子实训教材。我们在此非常感谢学院电工电子创新团队的各位老师的辛勤付出，孜孜不倦地进行实验和修改文本。

由于编写时间仓促，编者水平有限，书中难免存在错误和不当之处，我们恳请广大读者，提出宝贵的修改意见，以便本书不断完善，在此不胜感谢。

编　者
2024 年 7 月

目 录

项目一

实验室管理制度

项目名称	实验室管理制度
教学目标	知识目标 掌握实验室操作的安全技能以及管理制度。 技能目标 养成良好的生活习惯； 养成安全用电常识。 情感目标 培养责任感：增强学生对个人行为后果的认识，培养学生珍惜实验室资源的意识和责任感。培养团队合作精神：在共同遵守制度、协作解决实验室问题的过程中，提升团队合作意识和沟通协调能力。培养尊重与纪律意识：树立尊重他人劳动成果、遵守规章制度的职业态度，形成良好的实验室文化氛围。 思政目标 通过学习实验室规章制度，强调学生团队协作、沟通表达、工作责任心、职业规范、职业道德、6S 标准化管理等综合素质和能力的培养。根据《电工》考试大纲职业道德的要求，让同学们遵守电工职业规范，遵守职业道德。
教学重点	实验室规章制度、实验室安全操作规程、实验室标准化清单
教学难点	实验室安全操作规程
教学方法	讲授法、情景教学法、项目教学法
学习方法	实验法、自主学习法、探究学习法
项目导读	实践是检验真理的唯一标准，在以后的学习和实际的电工电子相关工作中，要做很多实验，以得到想要的结论，那么进入实验室要遵守哪些规章制度将成为本项目研究的重点。
项目任务	任务一　实验室规章制度
	任务二　实验室安全操作规程
	任务三　实验室标准化清单

任务一　实验室规章制度

【任务要求】

（1）掌握实验室的规章制度和使用要求。

（2）通过学习实验室规章制度，养成良好的行为习惯。

【实训设备】

实训室规章制度、实验设施设备。

【任务内容】

1. 情景导入

王刚中学毕业后，进入职业院校就读。一天，按照课程安排，王刚和同学们到学校的实训室进行实验实训课。看到琳琅满目的实训设备，王刚非常感兴趣，非常渴望到实训室进行学习，那么到实训室进行学习要遵守哪些规章制度呢？在做实验的过程中，怎样操作才能保证自身和实验室设备的安全呢？这些疑问引发了王刚的思考。

2. 实验室规章制度

（1）实验室上完课后必须认真清点实验材料，清点完毕并核实无误后再让同学们出实验室。如果清点实验材料不认真，出现实验材料丢失，则相应的电工老师要照价赔偿电子材料，连续出现三次的，则取消在实验室上课的资格或者不排课。

（2）任课老师在上课前要时时强调，不能在实验室以及厕所等公共场所抽烟。任课老师到厕所等公共场所抽查，如果发现学生抽烟，有义务对其进行批评教育，并报给辅导员（班主任）给予警告处分。各位任课老师应严格履行自己的职责，如果自己带的学生连续出现三次在厕所等公共场所抽烟的现象，则取消该教师在实验室上课的资格，或者不排课。

（3）要爱护实训工具、仪器设备和公共设施设备；不得私自将实训设备和工具带出实训室，学生私自拿实验材料一经发现，任课老师有义务批评教育，并报给班主任处给予警告处分。

（4）进入实验室的所有人员，必须整洁、文明、肃静，必须遵守实验室的各项规章制度。 实验人员在实验过程中，要注意保持室内卫生及良好的实验习惯。实验结束后，实验人员必须及时做好清洁整理工作，必须将工作台、仪器设备、器皿等清洁干净，并将仪器设备和器皿按规定归类放好，不能随意放置。实验人员应将所有实验废物及时放入废物箱，并及时处理，清理好现场。

（5）每次实验结束后，实验人员必须对实验室进行清扫。

（6）实验室负责人须安排日常的卫生清扫。实验室成员有清扫实验室的义务。

（7）实验室为保持室内地面、实验台、设备和工作环境的干净整洁，必须坚持每天一小扫，每周一大扫的卫生制度。

（8）实验室内的仪器设备、实验台架、凳和各种设施摆放整齐，并经常擦拭，保持无污渍、无灰尘。

（9）卫生值日人员应对实验室桌面、地面及时打扫。注意保持室内仪器设备的整洁卫生。

（10）保持室内地面无灰尘、无积水、无纸屑等垃圾。

（11）下课前必须做好清洁卫生，关好门窗，断开电源，清理场地。

【任务小结】

（1）实验室上完课后必须认真清点和整理实验材料，清点和整理完毕才能离开实验室。要爱护公共财产，养成遵守公序良俗的良好习惯。

（2）不能在实验室以及厕所等公共场所抽烟。要养成良好的生活习惯。

（3）实验室内各种设备摆放要整齐，与实验无关的水、食物等物品禁止带入实验室，要有自律意识，养成自觉遵守纪律的良好习惯。

任务二　实验室安全操作规程

【任务要求】

（1）掌握实验室的安全操作规程和使用要求。

（2）通过学习安全操作规程，让同学们掌握安全用电常识。

【实训设备】

实验室安全操作规程。

【任务内容】

1. 情景导入

经过学习实验室规章制度，王刚及同学们了解了在实验室上课的基本要求，但是为了保证实训工作的顺利展开，创造一个良好的、安全的实验环境，作为实训室操作者都必须遵守哪些安全操作规程呢？

2. 实验室安全操作规程

（1）进入实验室分组教学要按照实训老师安排，未经同意，不得随意调换。注意保持实验室的清洁卫生，服从指导老师安排。

（2）不得穿拖鞋进入实训室，不得携带食物、饮料等进入实训室，不得在室内喧哗、打闹、随意走动，不得乱摸乱动有关电器及危险设备。

（3）设备使用前要认真检查，如发现不安全情况，应停止使用并立即报告老师，以便及时采取措施；电器设备安装检修后，须经检验合格后方可使用。

（4）实践操作时，思想要高度集中，要按照实训教师的要求进行实验，不做与实验无关的事，如果不按照要求，私自进行实验，造成实验设备损坏以及安全事故由学生本人进行负责，并做书面检讨以及给予处分。

（5）要爱护实训工具、仪器设备和公共设施设备；不得私自将实训设备和工具带出实训室。

（6）凡因违反操作规程或擅自动用其他仪器设备造成损坏的，由事故人做出书面检查，学校视情节轻重要求其进行赔偿，并给予相应的处分。

（7）实验室的电源线要经常进行检查，损坏的电源线要及时更换维修。当电路或者用电设备出现故障时，必须切断电源进行检查。

（8）保持实训室整洁，每次实训后要清理工作场所，做好设备清洁、归位和日常维护工作，经老师同意后方可离开。

（9）不能私自进行实验，如果要想通电实验，必须举手示意，在老师的检查和许可下通电实验。

上述有关规程实验者必须严格执行，如有违反，一经发现，按照学校相关条例进行处理并向有关领导报告，重者追究其法律责任。

【任务小结】

（1）上实验课时不能乱摸乱动与实验无关的电器及危险设备。要有安全意识，做什么事都要观察到位，找出存在的安全隐患，做好防范措施，杜绝出现安全事故。

（2）实验通电，举手示意，在老师的检查和许可下通电实验。要有安全用电意识和爱护实验设备意识，确保正确安全方能开展实验。

（3）要爱护实训工具、仪器设备和公共设施设备；不得私自将实训设备和工具带出实训室。

任务三　实验室标准化清单

【任务要求】

(1)掌握实验室标准化清单的要求。

(2)通过学习实验室标准化清单,让同学们掌握标准化清单的具体要求。

【实训设备】

实验室标准化清单。

【任务内容】

1. 情景导入

王刚学习了实验室规章制度以及实验室安全操作规程,感觉受益匪浅。于是他想,有没有一些标准化清单以供同学们参考呢?如果有实验室标准化清单,那么同学们就可以按照标准化清单严格执行了。

2. 实验室标准化清单

实验室标准化清单如表 1-1 所示。

表 1-1　实验室标准化清单

项目	标准化管理具体要求	图片标准
一体机	课后关闭电脑	
工具材料类	课后及时将工具材料送还仓库,上实训课时,不得动用与实训项目无关的工具材料	

续表

项目	标准化管理具体要求	图片标准
桌椅类	桌椅摆放整齐,成排成行,无个人物品及垃圾,桌面干净整洁	
地面	无纸屑、果壳、水瓶等垃圾	
窗户	课后关上窗户	
电灯	课后及时关闭电灯开关	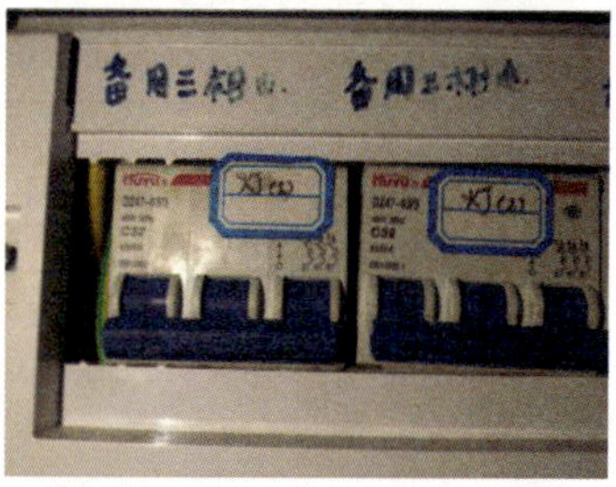
安全线	做实验时必须在安全线以外	

续表

项目	标准化管理具体要求	图片标准
电源	接好线路，在任课老师检查过后，方可打开电源，做完实验后关闭电源	

【任务小结】

（1）上实训课时，不得动用与实训项目无关的工具材料，上完课桌椅摆放整齐。

（2）上实训课时，不得动用与实训项目无关的工具材料，不得做与实训无关的事情。

（3）接好线路，在任课老师检查和同意过后，方可打开电源，做完实验后关闭电源。

（4）要用 7S 现场管理方法，即整理（Seiri）、整顿（Seiton）、清扫（Seiso）、清洁（Seiketsu）、素养（Shitsuke）、安全（Safety）和速度/节约（Speed/Saving），严格要求自己，遵守好各项纪律的同时通过分类收整实训器材培养自己的逻辑思维，养成良好的行为习惯，以适应职业发展需求和企业需求，养成良好的职业习惯，为适应职场发展奠定基础。

项目二

常用电工工具

项目名称	常用电工工具的使用
教学目标	知识目标 了解常用电工工具的名称、结构、性能。 技能目标 掌握常用电工工具的正确使用方法。 情感目标 严谨细致的态度:在操作过程中培养细心观察、精确测量的习惯,增强对待工作的严谨性和细致性。自我效能感提升:通过亲手操作成功完成任务,增强学生解决实际问题的信心和自我效能感。重视工具与资源:培养学生对工具的爱护之心,认识到合理使用和妥善保管公共资源的重要性。 思政目标 通过学习电工工具专业的名称、术语及正确的使用方法,改变同学们以前在生活中不规范的工具称谓,初步让学生了解工匠精神,体现通过电工专业知识学习后的专业素养,初步形成职业认同,增强职业荣誉感
教学重点	认识常用电工工具的名称、结构、性能,掌握正确的使用方法
教学难点	掌握常用电工工具正确的使用方法
教学方法	讲授法、情景教学法、项目教学法
学习方法	实验法、自主学习法、探究学习法
项目导读	电工工具是安装、检修电气设备和电气线路的专用工具,电工工具质量不合格、使用方法不得当,都会影响工作质量,降低工作效率,甚至造成人身伤害事故。因此,电工操作人员必须了解常用电工工具的结构、性能,掌握电工工具的正确使用方法
项目任务	任务一　常用电工工具介绍
	任务二　常用电工工具的使用

任务一　常用电工工具介绍

【任务要求】

认识常用电工工具,了解其结构、性能及正确的使用方法。

【实训设备】

低压验电器、螺丝刀、钢丝钳、尖嘴钳、偏口钳、剥线钳、电工刀、电烙铁。

【任务内容】

1. 情景导入

今天,王刚来到电工实训室正式开始上实验实训课,看到各式各样的工具。这些工具平时在日常生活中也看见过一部分,但不知道准确的名称,也不知道具体是用来做什么的,王刚充满了好奇,拿着其中一把剥线钳认真观察起来。这时老师问他:“王刚,你知道这个工具叫什么吗?”王刚回答:“老师,我知道,这个钳子手柄有橡胶包着,我们平时叫它胶把钳。”老师又拿起一把尖嘴钳问他:“那这个工具叫什么?”王刚看了看回答道:“这个钳子手柄也有橡胶包着,也叫胶把钳。”老师说道:“都不对,你说的这些工具名称都是日常生活里大家不规范的叫法,我们今天就要来学习常用电工工具专业的名称及正确的使用方法。”

2. 实训步骤

1)认识低压验电器

低压验电器的分类。低压验电器也称试电笔、测电笔,是用于检测低压线路和设备是否带电的工具,有笔式和螺钉旋具式两种,如图 2-1 所示。常见的两种螺钉旋具式低压验电器如图 2-2 所示。

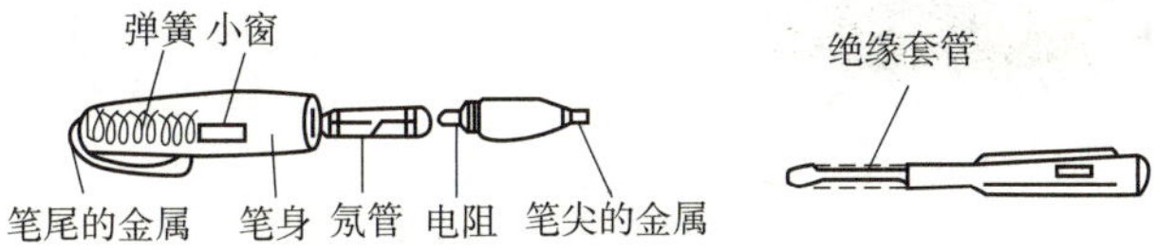

图 2-1 低压验电器的结构类型

(a)笔式 (b)螺钉旋具式

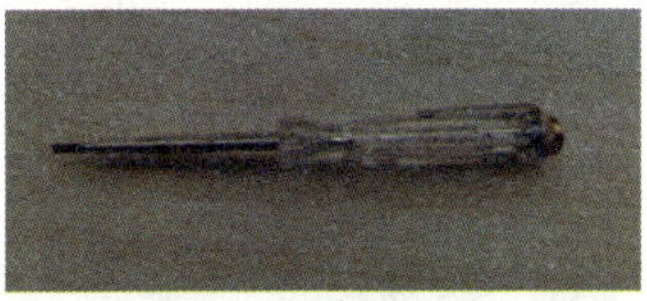

(a)

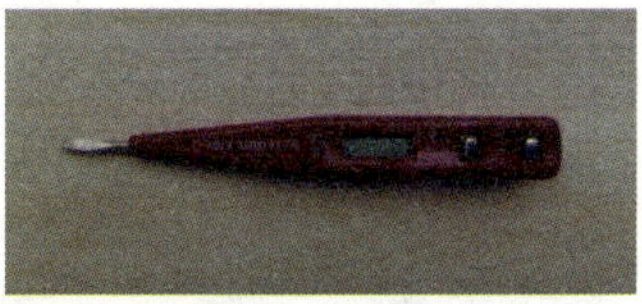

(b)

图 2-2 两种常见的低压验电器

(a)氖管式 (b)数字式

低压验电器的使用方法。使用时手指必须接触低压验电器顶端的金属部位(注意区别另一端的金属探头部位),电流经被测带电体、低压验电器、人体及大地构成回路。只要被测带电体与大地之间的电压超过 60 V,低压验电器内部的氖管就会起辉发光。低压验电器的电压测量范围为 60~500 V。如图 2-3 所示。

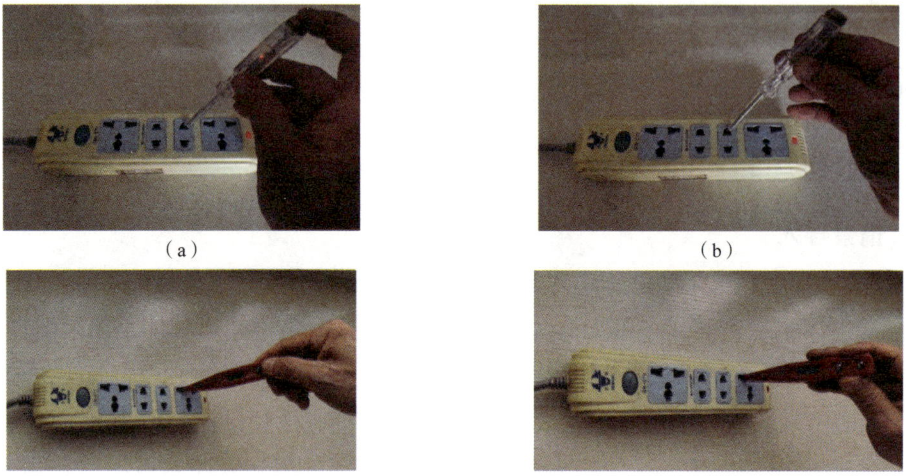

(a)　(b)

(c)　(d)

图 2-3　低压验电器的使用方法

(a)氖管式低压验电器正确用法　(b)氖管式低压验电器错误用法

(c)数字式低压验电器正确用法　(d)数字式低压验电器错误用法

2)认识螺钉旋具

螺钉旋具的分类。螺钉旋具俗称螺丝刀,是一种紧固或拆卸螺钉的工具,按照其功能和头部形状不同可分为一字形螺钉旋具和十字形螺钉旋具。如图 2-4 所示。

(a)　(b)

图 2-4　两种常见的螺钉旋具

(a)一字形螺钉旋具　(b)十字形螺钉旋具

螺钉旋具的使用方法。规格较大的螺钉旋具一般用来紧固较大的螺钉。使用时除大拇指、食指和中指要夹住握柄外,手掌还要顶住柄的末端,这样可以防止旋转时滑脱,如图 2-5(a)所示。小规格螺钉旋具一般用来紧固电气装置接线柱上的小螺钉,使用时,可用大拇指和中指夹住握柄,用食指顶住柄的末端捻旋,如图 2-5(b)所示。

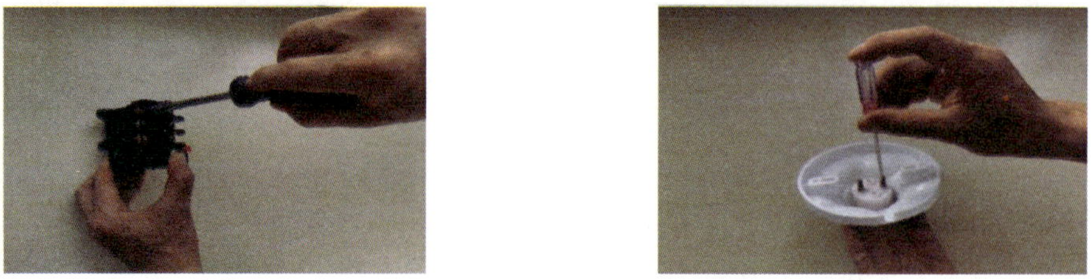

(a)　(b)

图 2-5　螺钉旋具的使用方法

(a)大螺钉旋具的用法　(b)小螺钉旋具的用法

3）认识钢丝钳

钢丝钳的作用及规格。钢丝钳主要用于剪切、弯绞、夹持金属导线，也可用于紧固螺母、切断钢丝，钢丝钳的外形及结构如图 2-6 所示。电工应该选用带绝缘手柄的钢丝钳，其绝缘性能为 500 V。常用钢丝钳的规格有 150 mm、175 mm 和 200 mm 三种。

（a）　（b）

图 2-6　钢丝钳的外形及结构

（a）外形　（b）结构

钢丝钳的结构及使用方法。钢丝钳由钳头和钳柄两部分组成，钳头由钳口、齿口、刀口和铡口四部分组成，如图 2-6（b）所示。钢丝钳的不同部位有不同的用途：钳口用来弯绞或钳夹导线线头或其他金属、非金属物体；齿口用来紧固或松动螺母；刀口用来剪切导线、起拔铁钉或剖削软导线绝缘层；铡口用来铡切电线线芯、钢丝或铅丝等软硬金属。钢丝钳的使用方法如图 2-7 所示。电工所用的钢丝钳，在钳柄上应套有耐压为 500 V 以上的耐压绝缘管。

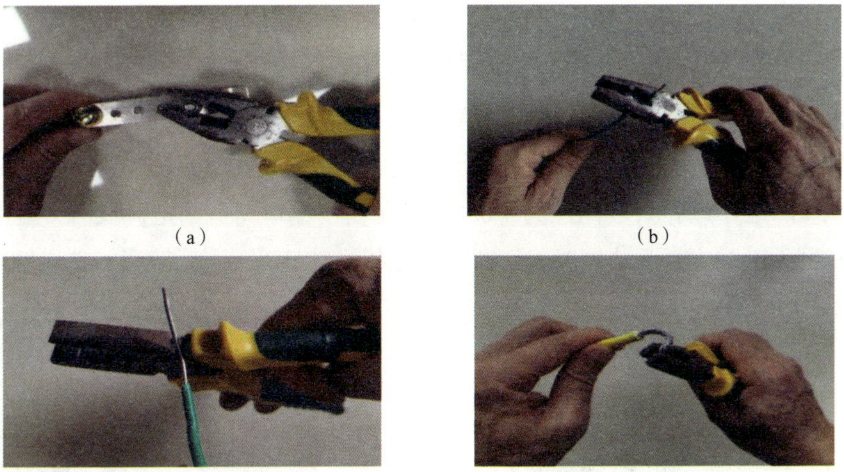

（a）　（b）

（c）　（d）

图 2-7　钢丝钳的使用方法

（a）扳旋螺母　（b）剪切导线　（c）铡切钢丝　（d）弯绞导线

4）尖嘴钳

尖嘴钳的作用及规格。尖嘴钳的头部尖细，适合在狭小的工作空间内操作，主要用于夹持较小物件，也可用于弯绞导线、剪切较细导线和其他金属丝。尖嘴钳的外形和握法如图 2-8 所示。电工使用的尖嘴钳是带绝缘手柄的一种，其绝缘手柄的绝缘性能为 500 V。尖嘴钳按其全长分为 130 mm、160 mm、180 mm、200 mm 四种。

（a）　（b）　（c）

图 2-8　尖嘴钳的外形及握法

（a）外形　（b）平握法　（c）立握法

尖嘴钳的结构及使用方法。尖嘴钳有刀口和钳口，刀口用于剪断细小金属丝，钳口用于夹持较小螺钉、垫圈、导线等元件。在装接控制线路板时，尖嘴钳能将单股导线弯成一定弧度的接线鼻子，如图 2-9 所示，还可用于剪断导线和剖削绝缘层。

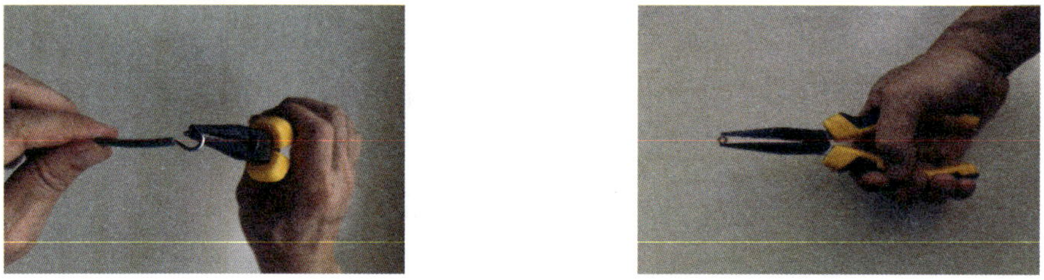

（a）　（b）

图 2-9　尖嘴钳的使用方法

（a）弯曲圆弧线鼻子　（b）夹持较小螺钉

5）偏口钳

偏口钳又称斜口钳、桃口钳，专门用于剪断较粗的电线、电缆或其他金属丝，其柄部带有绝缘管套，如图 2-10 所示，其耐压为 1 000 V。在使用偏口钳剪断电源线时，须注意不能同时剪切电源的相线和零线，或同时剪切两根电源相线，以免发生短路事故，造成触电伤害。

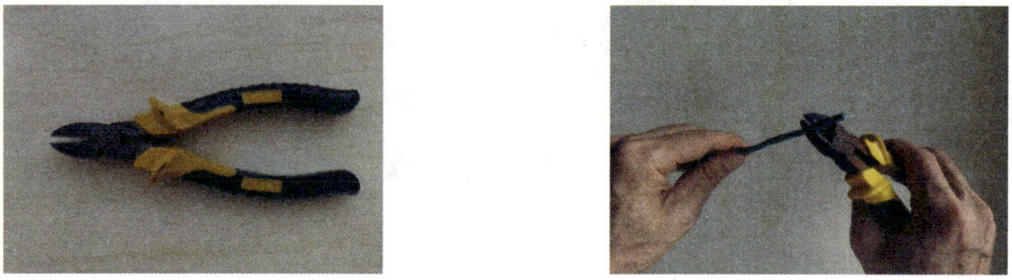

（a）　（b）

图 2-10　偏口钳的外形及使用方法

（a）外形　（b）使用方法

6）剥线钳

剥线钳是用于剥落小直径导线绝缘层的专用工具，外形如图 2-11 所示。其钳口部分设有几个咬口，用以剥落不同线径导线的绝缘层。其手柄是绝缘的，耐压为 500 V。

使用剥线钳时，把待剥落的绝缘长度确定以后，即可把导线放入相应的刃口中（比导线直径稍大）。用手将钳柄握紧，导线的绝缘层即被切断，然后拽紧导线同时剥线钳向外侧拉出绝缘层。如图 2-12 所示。使用剥线钳时，不允许用小咬口剥大直径导线，以免咬伤导线芯，也不允许当钢丝钳使用。

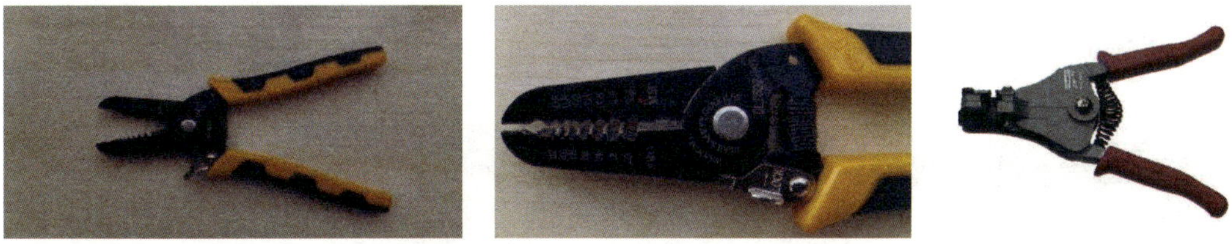

（a）　（b）　（c）

图 2-11　剥线钳结构及外形

（a）手动式　（b）手动式剥线钳刀口　（c）自动式

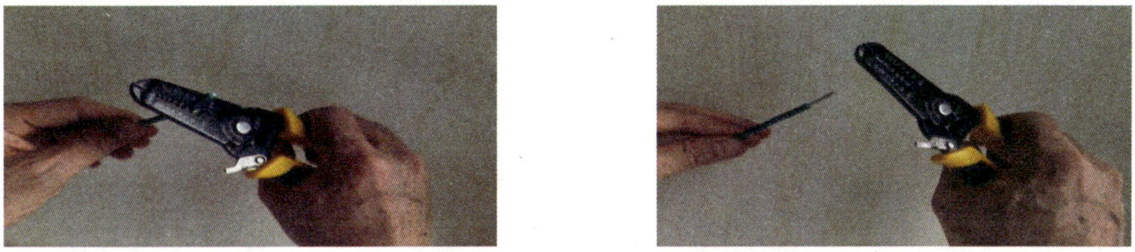

（a）　（b）

图 2-12　手动式剥线钳的使用方法

（a）切断绝缘层　（b）分离绝缘层

7）电工刀

电工刀是用来剥离导线的绝缘层以及割断绳索、切削木料的专用工具，其外形及剥离导线的方法如图 2-13 所示。使用电工刀时，应将刀口朝外剖削，以免伤手。剖削导线绝缘层时，应使刀面与导线成 45° 切入，以免损伤导线线芯。然后向线端推削，削去一半绝缘层后，将另一半绝缘层翻下 45° 并切去。

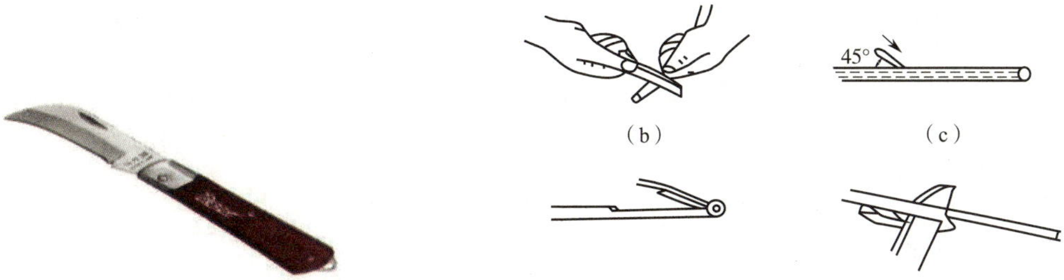

（a）　（b）　（c）　（d）　（e）

图 2-13　电工刀的外形及剥离导线的方法

（a）外形　（b）握刀姿势　（c）倾斜 45° 剖削导线　（d）移动刀刃切削掉一侧绝缘层　（e）切削另一侧的绝缘层

8)烙铁钎焊工具

电烙铁的种类及结构。电烙铁是用于钎焊(也称锡焊)的工具。电烙铁按加热方式不同,可分为内热式和外热式,按照热功率可分为 15 W、20 W、25 W、30 W 等。内热式电烙铁由手柄、连接杆、弹簧夹、烙铁芯、烙铁头组成。由于烙铁芯安装在烙铁头里面,因而其发热快,热利用率高,因此被称为内热式电烙铁,如图 2-14(a)所示。外热式电烙铁由烙铁头、烙铁芯、外壳、手柄、电源引线、插头等部分组成。由于烙铁头安装在烙铁芯里面,故其被称为外热式电烙铁,如图 2-14(b)所示。

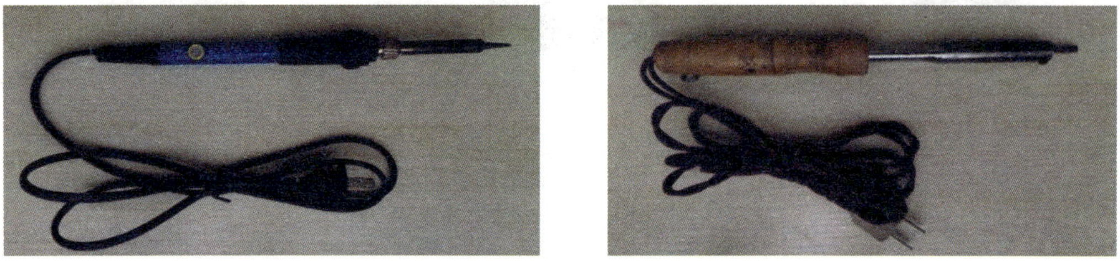

(a) (b)

图 2-14 电烙铁的外形

(a)内热式电烙铁 (b)外热式电烙铁

除上述电烙铁之外,还有一种常用的电工加热工具,即热风枪,又称贴片电子元件拆卸台,如图 2-15 所示。它专门用于表面贴片安装电子元件(特别是多管脚的电子元件)的焊接和拆除。此外还有吸锡电烙铁(如图 2-16 所示),恒温电烙铁等(如图 2-17 所示)。

图 2-15 热风枪

图 2-16 吸锡电烙铁

图 2-17 恒温电烙铁

电烙铁的使用方法。电烙铁和焊锡丝的握法如图 2-18 所示,在手工使用电烙铁焊接时,特别是对初学者来说,一般可采用五步焊接法。五步焊接法为:准备施焊—加热焊件—送入焊丝—移开焊丝—移开电烙铁,如图 2-19 所示(详见本书项目六:电烙铁的使用)。

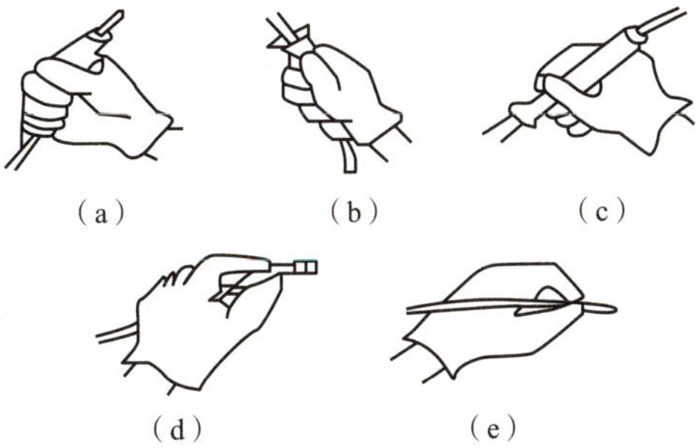

图 2-18　电烙铁和焊锡丝的握法

（a）反握法　（b）正握法　（c）握笔法

（d）连续焊接时的握法　（e）断续焊接时的握法

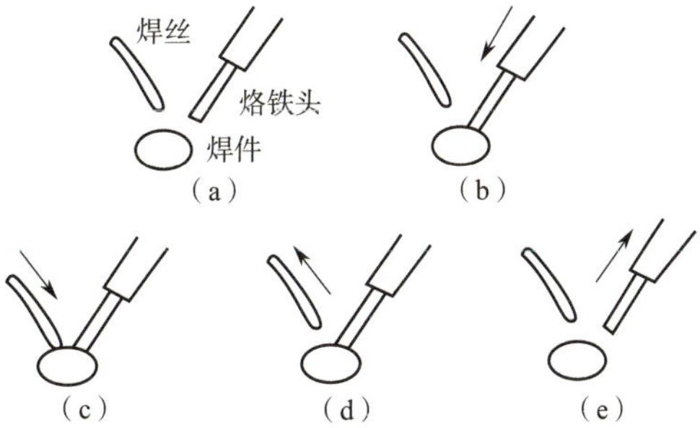

图 2-19　电烙铁五步焊接法

（a）准备施焊　（b）加热焊件　（c）送入焊丝

（d）移开焊丝　（e）移开电烙铁

【任务小结】

（1）每次使用电工工具前，必须检查工具的结构、绝缘是否完好，禁止使用有损坏的工具进行电工作业。

（2）低压验电器的电压测量范围为 60~500 V，禁止用于测量超过其范围的电压。

（3）电工应该选用带绝缘手柄的钢丝钳或尖嘴钳，其绝缘性能为 500 V，禁止用于超过其范围的电压。

（4）使用剥线钳时，不允许用小咬口剥大直径导线，以免咬伤导线芯，也不允许当钢丝钳使用。

（5）电工刀是没有绝缘层的，不能直接接触带电体，只能在线路断电的情况下使用。使用电工刀时，应将刀口朝外剖削，以免伤手。剖削导线绝缘层时，应使刀面与导线成 45° 切入，以免损伤导线线芯。

（6）电烙铁使用前，先检查插头、导线及手柄绝缘是否完好无损，才能接入电源。加热焊件前，要使用焊锡丝试热，看电烙铁能否加热烙铁头，如果焊锡丝正常熔化，证明电烙铁可以正常加热焊件。注意，千万不能用手触摸烙铁头试热，以免发生安全事故。

任务二　常用电工工具的使用

【任务要求】

使用工具进行实训，完成单控灯电路安装，掌握工具正确用法。

【实训设备】

螺丝刀、尖嘴钳、偏口钳、剥线钳、测电笔。

【任务内容】

1. 情景导入

通过任务一，王刚及同学们了解了常用电工工具的结构性能和使用方法，但具体怎么用工具来进行电工作业，实际完成一些任务呢？王刚和同学们已经“摩拳擦掌、跃跃欲试了”。今天的实训课内容就是使用工具完成单控灯电路安装。“嘿嘿，终于可以大显身手了。”王刚暗自欢喜，很快就准备好了安装电路所需要的工具。

2. 任务原理

单控灯电路如图 2-20 所示。

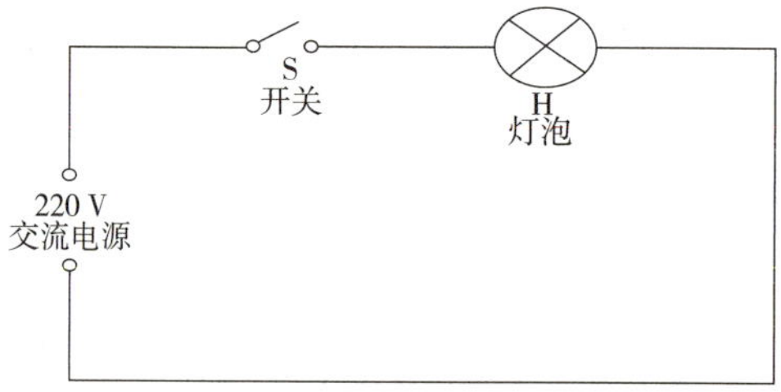

图 2-20　单控灯电路

3. 实训步骤

第一步用螺丝刀配合尖嘴钳拧紧螺丝，固定开关（正面用螺丝刀拧螺丝头部，背面用尖嘴钳固定螺帽，这样螺丝才能紧固），如图 2-21 所示。

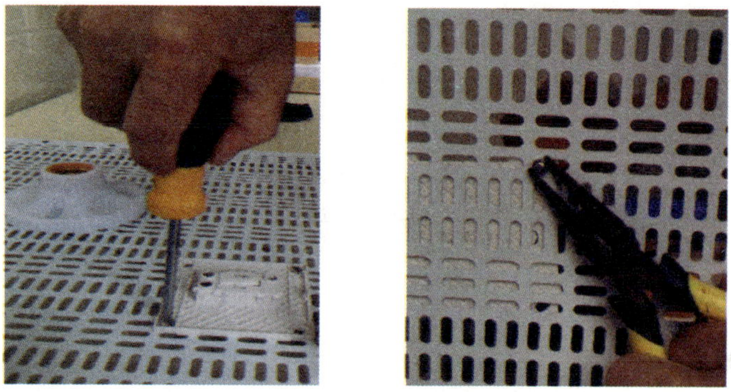

（a）　　（b）

图 2-21　螺丝刀配合尖嘴钳拧紧螺丝

（a）正面　（b）背面

第二步用偏口钳根据所需导线长度剪断导线（图 2-22）。

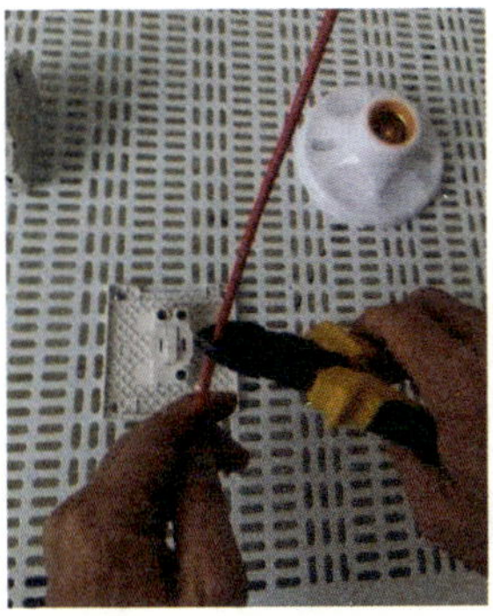

图 2-22 偏口钳剪线

第三步用剥线钳剥离导线绝缘层(用手将钳柄握紧,切断导线的绝缘层,然后拽紧导线同时剥线钳向外侧拉出绝缘层),如图 2-23 所示。

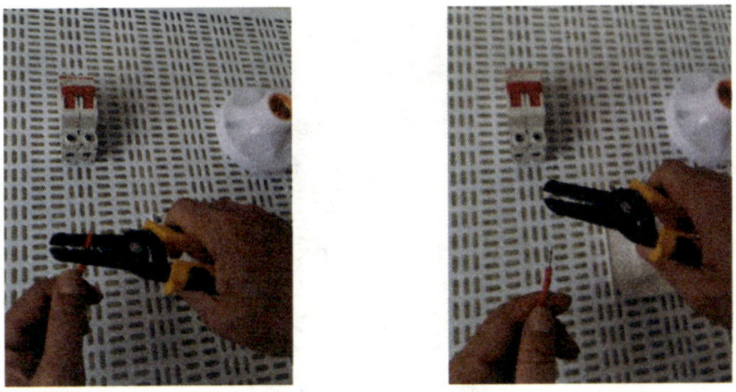

(a)　　(b)

图 2-23 剥线钳剥线

(a)切断绝缘层 (b)向外拉出绝缘层

第四步用螺丝刀旋转螺丝压紧导线,连接开关到灯座的线路,如图 2-24 所示。

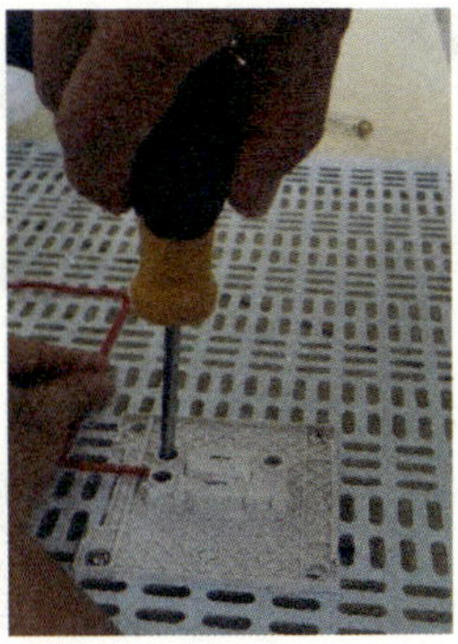

图 2-24 旋转螺丝压紧导线

第五步旋转螺丝压紧进入灯座的导线,如图 2-25 所示。

（a）

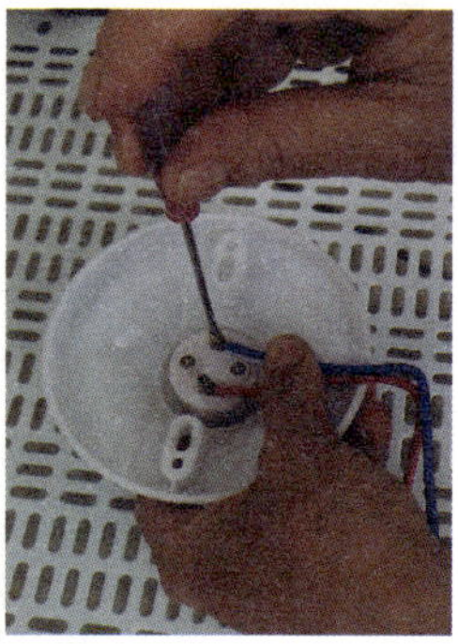
（b）

图 2-25　旋转螺丝压紧导线

（a）压紧火线　（b）压紧零线

第六步旋转压紧螺丝，固定灯座（图 2-26）。

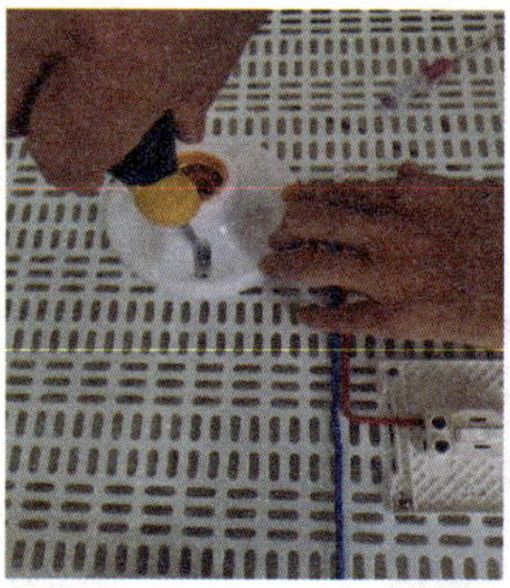

图 2-26　固定灯座

第七步用螺丝刀压紧电源开关的螺丝，连接灯座到电源（零线）、开关到电源（火线）的线路（图 2-27）。在拧螺丝的时候要注意：拧得太紧和太松都会影响产品的质量，螺丝刀使用要标准规范，否则会影响产品的质量，要用严谨的态度对待，要有大国工匠的标准意识。

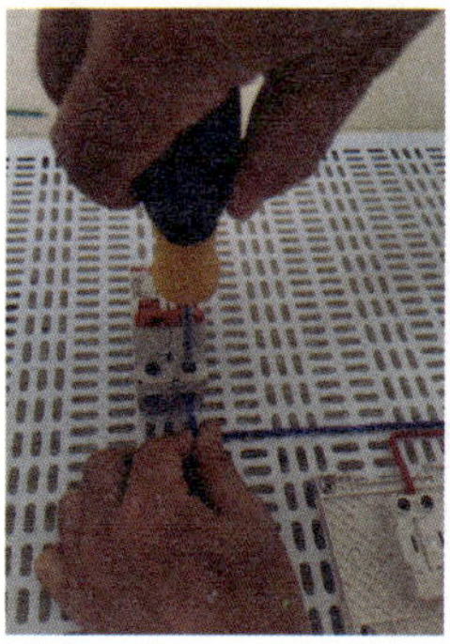
（a）

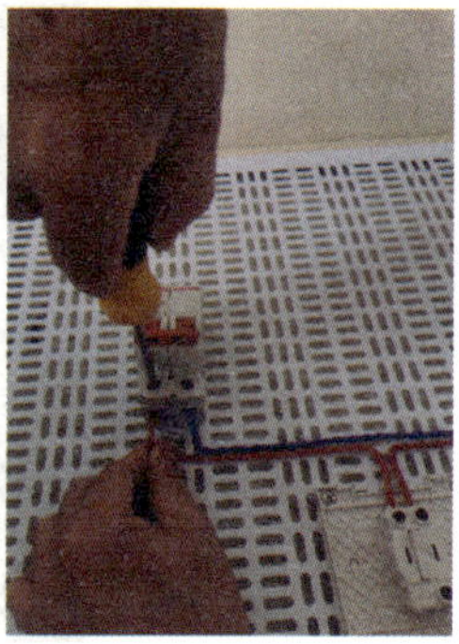
（b）

图 2-27　连接线路到电源开关

（a）连接零线　（b）连接火线

第八步电路连接完成，装上灯泡，盖好开关，如图 2-28 所示。

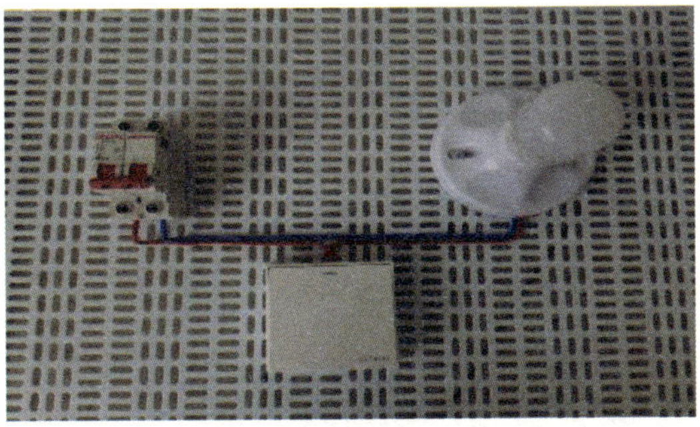

图 2-28　电路连接完成

第九步接入电源，合上开关，用测电笔测量观察氖管发亮情况，判断线路是否通电，如图 2-29 所示。

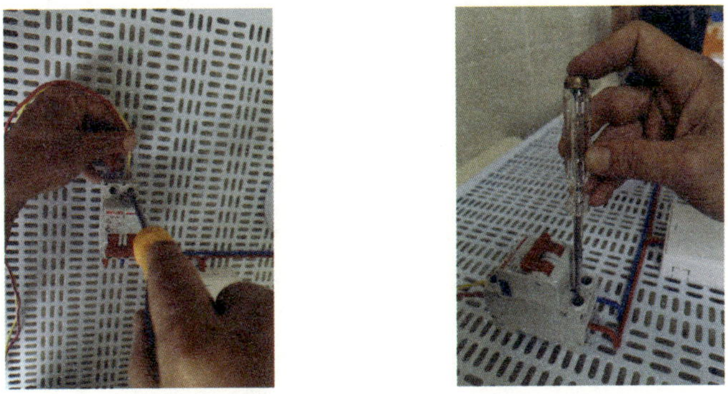

（a）　（b）

图 2-29　接入电源用测电笔判断线路是否通电

（a）接入电源　（b）测电笔测量

第十步按下开关，电路接通，灯泡发亮，单控灯电路安装完成，如图 2-30 所示。

图 2-30　单控灯电路安装完成

【任务小结】

（1）通过使用工具进行单控灯电路的安装，同学们对电工工具的使用有了全新的认知，从认识工具的名称到可以使用工具来完成规范的电工作业，具备了一定的电工专业技术知识和电工作业动手能力。

（2）接入交流 220 V 电源前，一定要经过指导老师确认，电路安装无误后才可以接入电源。安全意识要牢记在心，安全用电要警钟长鸣。

（3）通过本次课程，大家要能够了解各种常见电工工具的结构及工作原理，能够正确地选用各种工具，为我们能够成为能工巧匠奠定技能基础。

项目三

常用电路测量工具

项目名称	常用电路测量工具
教学目标	知识目标 掌握指针式电流表的工作原理;掌握指针式电压表的工作原理;掌握指针式万用表的工作原理;掌握数字万用表的工作原理。 技能目标 正确使用指针式电流表;正确使用指针式电压表;正确使用指针式万用表;正确使用数字万用表。 情感目标 通过对电路测量工具的正确使用及读取测量数值,激发学生学习电工电子技术知识技能的兴趣;在测量工具的使用过程中,分小组进行教学,分别让学生相互配合完成测量、读取数值、记录等工作,培养学生协调工作的团队精神。 思政目标 在测量工具的使用过程中,让学生掌握正确使用测量工具的方法,培养学生的安全意识和遵守操作规程的意识,促使学生养成良好的遵守规则的习惯;在读取数值时,让学生掌握正确读取数值的方法,杜绝出现因读取方法不对产生错误,减少因读取方法不当产生的误差,培养学生精益求精的工匠意识和以敬畏之心对待职业的正确职业观
教学重点	万用表的使用
教学难点	万用表的工作原理
教学方法	讲授法、情景教学法、项目教学法
学习方法	实验法、自主学习法、探究学习法
项目导读	在进行电路故障检测和排除过程中,我们需要通过对电路中的电压、电阻、电流进行测量,通过电压、电阻、电流之间的关系,对电路进行分析,进而精准地找到电路中存在的故障
项目任务	任务一　指针式电流表
	任务二　指针式电压表
	任务三　万用表

任务一　指针式电流表

【任务要求】

(1)能够根据电路图正确使用实训设备搭建电路。

(2)正确操作实训过程,准确读取电流数值。

【实训设备】

电池、开关、灯泡、直流电流表、导线。

【任务内容】

1. 情景导入

经过电工工具的学习,王刚及同学们掌握了电笔的使用方法,可以用电笔进行简单的家庭电路故障的排查,但是不能测量直流电,也不能用电笔测出具体的参数数值,对于进行深入分析电路没有帮助,如何才能够获得电路中的具体参数数值,对电路进行深入分析?为此,王刚找老师进行了沟通和交流,提出了疑问。针对王刚提出的问题,老师专门安排了电路测量工具的课程。电灯会亮,说明有电流流过电灯,所以先要知道电流的情况。

2. 任务原理

图 3-1 由一只 1.5 V 的电池,一只开关,一只规格为电压 1.5 V、电流 0.3 A 的灯泡和一只电流表组成 。这就是电流表测量电路电流的基本原理,电流表必须串联在电路中,只有和灯泡串联才能测量流过灯泡的电流值。

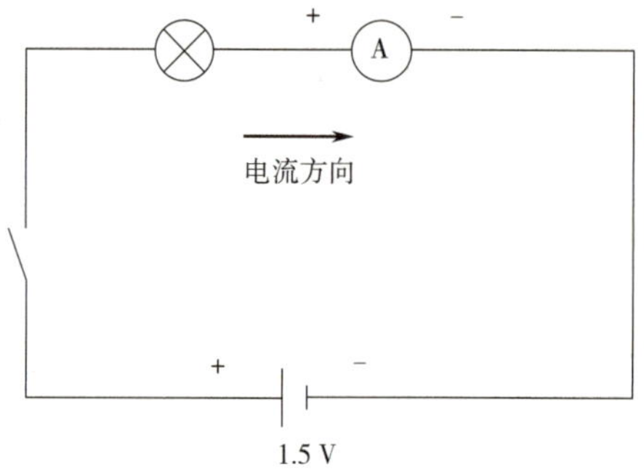

图 3-1　电流表使用

3. 实训步骤

按照电路图（图 3-1）正确使用实训设备搭建电路。

第一步：检查所用设备是否正常、绝缘是否完好，开关必须处在断开状态，注意操作中不要发生电池短路。然后用导线连接电池正极到开关，开关的另一端连接到灯泡进线端。

第二步：灯泡的出线端连接到电流表的“+”极（本次实验采用直流电源，电路图中标有电流的方向，直流电流表在连接电路时一定要注意极性）。

第三步：电流表的“-”极连接到电池的负极。

第四步：检查整个电路的连接情况，只有所有连接全部正确才可以合上开关接通电源。

第五步：观察电流表测量挡位和指针位置，正确读取数值。

第六步：实验完成后，断开开关，拆除线路，将实验设备收纳整齐。

4. 实训现象

确认连接无误（图 3-2），合上开关，接通电路，按照指针式电流表的读数规则“读取指示值时，视线应与刻度线和指针所处位置相垂直；若选用量程为 3 A，则最小分度为 0.1 A，读数应估读到其最小分度的 1/2，不足半格的舍去，超过半格的读半格；若选用量程为 0.6 A，则最小分度为 0.02 A，读数应估读到其最小分度的 1/2，不足半格的舍去，超过半格的读半格”，可以看到电流表显示 0.18 A 的电流值，这时测量到的就是电路中的电流，也是灯泡的工作电流值，同时灯泡发亮。

图 3-2　电流表使用实物连接

电流（Electric current）就是单位时间里通过导体任一横截面的电量，也叫做电流强度，代表符号为 I，国际单位制是安培（A），简称“安”。

安培的全名是安德烈·玛丽·安培，法国物理学家、化学家，在电磁作用方面的研究成就卓著，对数学和物理也有贡献。为了纪念安培，电流的国际单位就用“安培”命名。

【任务小结】

（1）实验中电流表测量得到的 0.18 A 就是电路中的电流值，根据电路电流值就可以选择合适的灯泡规格，这时可以选择额定电流值大于 0.18 A 的灯泡，才能在电路中安全稳定地工作。结合实验任务一所测量到的电压值，确定此电路中灯泡应选用规格为电压 1.5 V、电流 0.3 A，电路就可以安全稳定的运行了。

（2）指针式电流表的读数规则：读取指示值时，视线应与刻度线和指针所处位置相垂直；若选用量程为 3 A，则最小分度为 0.1 A，读数应估读到其最小分度的 1/2，不足半格的舍去，超过半格的读半格；若选用量程为 0.6 A，则最小分度为 0.02 A，读数应估读到其最小分度的 1/2，不足半格的舍去，超过半格的读半格。

（3）读数时动作要领要规范，计算要标准，要有求真务实的精神，避免动作不规范，视线没有与刻度线和指针相垂直导致的读数错误；避免刻度代表的值不准确，计算结果不正确导致的读数错误。

（4）由于电流表的电阻非常小，电流表在使用时必须和负载串联在电路中，否则，会造成电路短路。

（5）直流电流表在使用时必须注意电流的极性，极性连接错误，不但不能准确测量电流，而且可能损坏电流表；交流电流表不需要考虑极性的问题，只需串联在电路中即可。

任务二 指针式电压表

【任务要求】

（1）能够根据电路图正确使用实训设备搭建电路。

（2）正确操作实训过程，准确读取电压数值。

【实训设备】

电池、开关、灯泡、直流电压表、导线。

【任务内容】

1. 情景导入

经过指针式电流表的教学，王刚及同学们对电流有了感性的认识，王刚很快就联想到了水流的形成，水因重力往低处流，或者在外力的作用下水沿外力的方向流，那么电流又是怎么形成的呢？是不是也有什么力量让电流动起来呢？王刚带着这些疑问来到课堂，向老师请教，老师笑着回答："确实有力量让电在流动，所以今天我们就来学习电压及电压表的使用。"

2. 任务原理

图 3-3 由一只 1.5 V 的电池，一只开关，一只额定电压 1.5 V、额定电流 0.3 A 的灯泡和一只电压表组成 。这就是电压表测量直流电压的基本原理，电压表只有并联在被测元件的两端，才能准确地测量电压值。

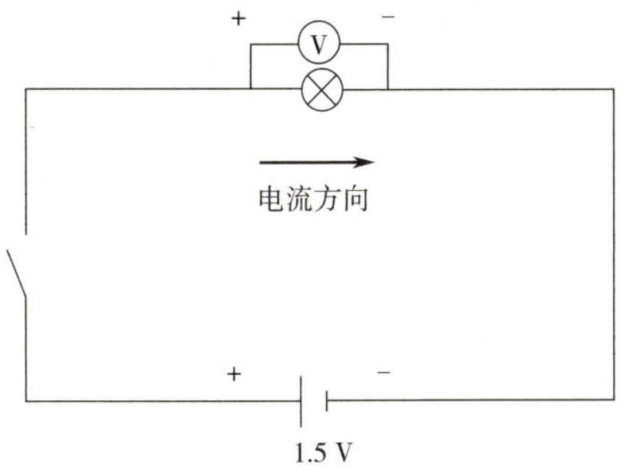

图 3-3　电压表的使用

3. 实训步骤

按照电路图（图 3-3）正确使用实训设备搭建电路。

第一步：检查所用设备是否正常、绝缘是否完好，开关必须处在断开状态，注意操作中不要发生电池短路。然后用导线连接电池的正极到开关，开关的另一端连接到灯泡进线端和电压表的“+”极（本次实验采用的是直流电源，电路图中标有电流的方向和电压的正负，直流电压表在连接电路时一定要注意极性）。

第二步：把灯泡的出线连接到电压表的“−”极和电池的负极。

第三步：检查整个电路的连接情况，只有所有连接全部正确后才能合上开关，接通电源。

第四步：观察电压表测量挡位和指针位置，正确读取数值。

第五步：实验完成后，断开开关，拆除线路，实验设备收纳整齐摆放。

4. 实训现象

确认连接无误（图 3-4），合上开关，接通电路。根据指针式电压表读数规则“读取指示值时，视线应与刻度线和指针所处位置相垂直；若选用量程为 15 V，则最小分度为 0.5 V，读数应估读到其最小分度的 1/5，不足半格的舍去，超过半格的读半格；若选用量程为 3 V，则最小分度为 0.1 V，读数应估读到其最小分度的 1/2，不足半格的舍去，超过半格的读半格，可以看到电压表显示 1.2 V 的电压，这时测量到的就是电池两端的电压，也是灯泡两端的电压，同时灯泡发亮。

电压（Voltage），也被称作电势差或电位差，是衡量单位电荷在静电场中由于电势不同所产生的能量差的物理量，是推动自由电荷定向移动形成电流的原因，方向规定为从高电位指向低电位，代表符号为 U，国际单位制为伏特（V），简称“伏”。

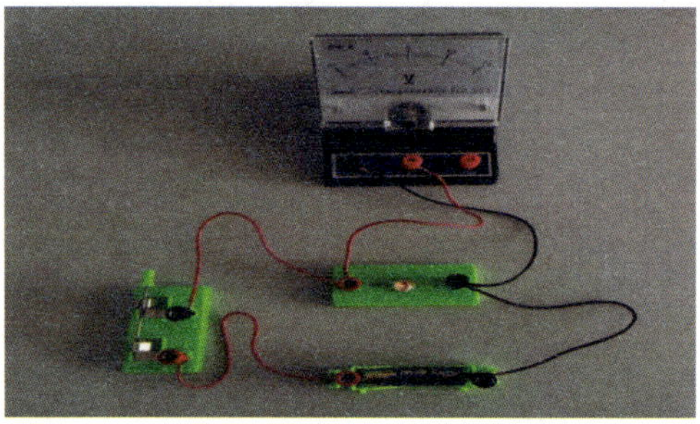

图 3-4　电压表使用实物连接

伏特的全名是亚历山德罗·朱塞佩·安东尼奥·安纳塔西欧·伏特，意大利物理学家，因在1800年发明伏打电堆而闻名，为了纪念伏特，电压的国际单位就用“伏特”命名。

【任务小结】

（1）实验中电压表测量到的电压值1.2 V就是电源电压值，根据电源电压值就可以选择合适的灯泡规格。选择额定电压值为1.5 V的灯泡，才能在电路中安全稳定地工作。电压表使用时必须并联在所测元件两端。

（2）指针式电压表读数规则：读取指示值时，视线应与刻度线和指针所处位置相垂直；若选用量程为15 V，则最小分度为0.5 V，读数应估读到其最小分度的1/5，不足半格的舍去，超过半格的读半格；若选用量程为3 V，则最小分度为0.1 V，读数应估读到其最小分度的1/2，不足半格的舍去，超过半格的读半格。

（3）读数时动作要规范，计算要标准，要有求真务实的精神，避免动作不规范，视线没有与刻度线和指针相垂直导致的读数错误；避免刻度代表的值不准确，计算结果不正确导致的读数错误。

（4）因为电压表的阻值较大，电压表在使用时要并联在测量对象的两端，如果串联在电路中，就会导致电路出现断路（开路）情况无法正常工作。

（5）直流电压表在使用时必须注意电压的极性，极性连接错误，不但不能准确测量电压，还有可能会损坏电压表，交流电压表不需要考虑极性的问题，只需并联在被测元件两端即可。

任务三　万用表

【任务要求】

能够使用万用表测量出元件的数据。

【实训设备】

指针式万用表、数字式万用表、电阻、电容、电池、二极管、三极管。

【任务内容】

1. 情景导入

王刚入学以来一直积极好学，很快学会了使用各种电工工具，能够进行简单电路的搭建，能熟练使用指针式电流表和指针式电压表，对电工电子技术产生了浓厚的兴趣。突然，一个念头闪现在王刚的脑海中，如果电路测量工具只有电流表和电压表，那不是很麻烦吗？每一次进行电路检修都要带上两个测量工具，而且测量的时候还要随时更换测量工具，既不方便携带又不安全，有没有一个可以同时测量电流和电压的测量工具呢？王刚带着问题和老师进行了交流，老师高兴而又激动地说道："学习电工电子技术就是要善于思考，只有善于发现、分析问题并能找到解决问题的方法，才会不断进步，也才会有所创新，你说的这种测量工具有，它不仅可以测量电流和电压，还可以测量电容、电阻等，这就是万用表。万用表又分为指针式万用表和数字式万用表，下面我们就开始学习使用万用表。"

2. 实训步骤

1）认识万用表

指针式万用表结构如图 3-5 所示，除了指针式万用表还有数字式万用表。

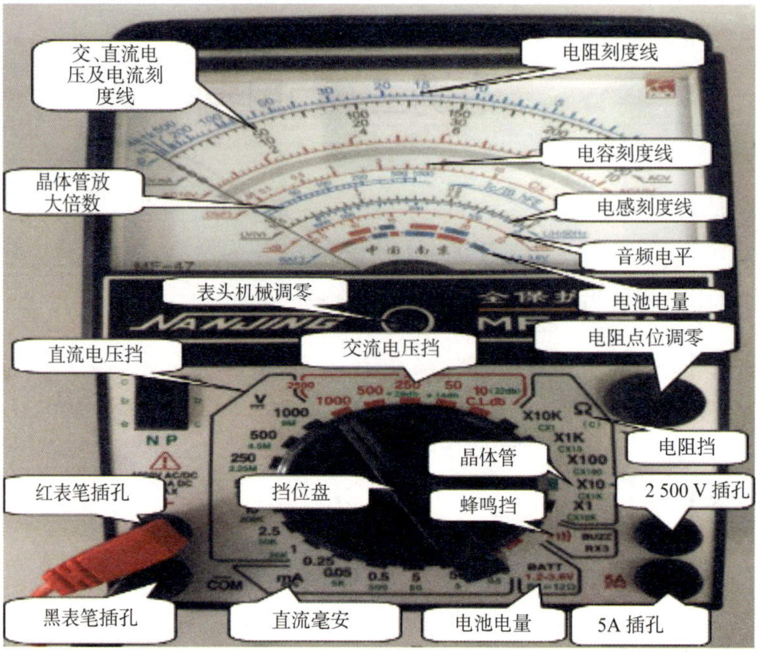

图 3-5　指针式万用表结构

在测量电阻前，首先了解色环电阻的读法，电阻通过色环的颜色也能判别阻值。色环电阻：色标法是用不同颜色的色环来表示电阻器的阻值和误差。色环通常有四道或五道，第一道、第二道、第三道各代表一位数字，第四道则代表零的个数，第五道代表误差（图 3-6）。

颜色	第一段	第二段	第三段	乘数	误差	
黑色	0	0	0	1		
棕色	1	1	1	10	± 1%	F
红色	2	2	2	100	± 2%	G
橙色	3	3	3	1K		
黄色	4	4	4	10K		
绿色	5	5	5	100K	± 0.5%	D
蓝色	6	6	6	1M	± 0.25%	C
紫色	7	7	7	10M	± 0.10%	B
灰色	8	8	8		± 0.05%	A
白色	9	9	9			
金色				0.1	± 5%	J
银色				0.01	± 10%	K
无					± 20%	M

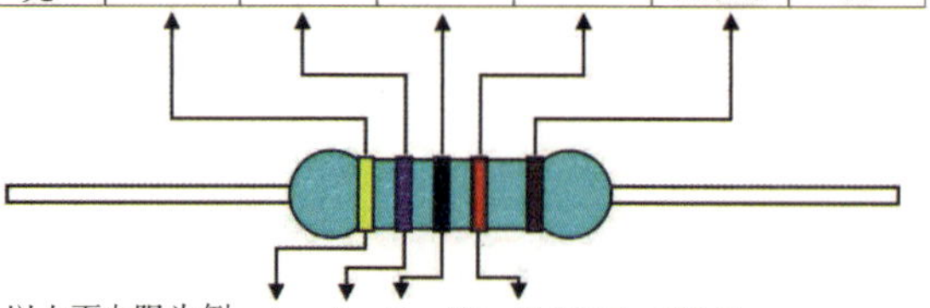

图 3-6　色环电阻参数对照表

2)指针式万用表的应用

(1)10 kΩ 电阻的测量。

万用表不能在通电的状态下测量电阻,否则会烧坏万用表。测量电阻时,应断开电阻的一端进行测试(准确度高),测完后再焊好。

第一步:指针表把红笔插到+端,黑笔插到 COM 端,并把表针机械调零(图 3-7)。

温馨提示:每次使用完万用表,都应该将转换开关调到交流最高挡位,以防止由于第二次使用不注意或外行人乱动烧坏万用表。

第二步:机械表打到 ×1 kΩ 挡,并短路红黑表笔,做电位调零(图 3-8)。

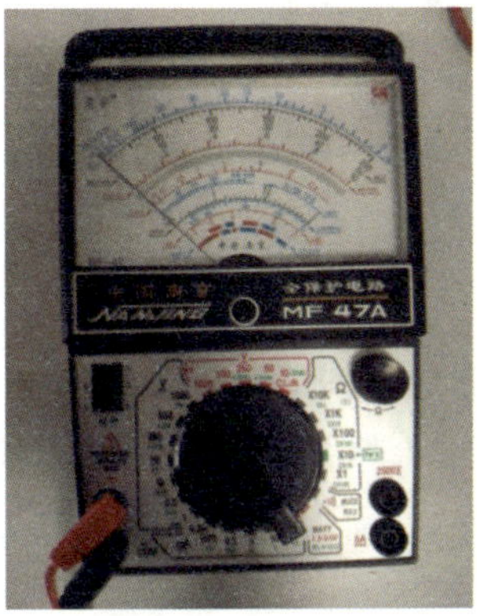

图 3-7　机械调零

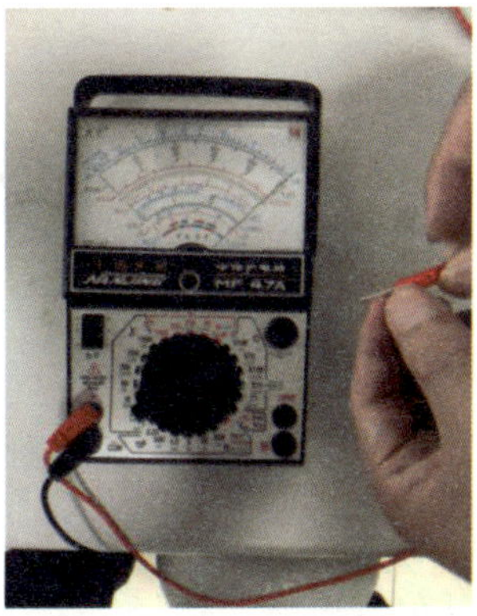

图 3-8　调至 ×1 kΩ 挡电位调零

温馨提示:在每次测量之前,应先看转换开关的挡位。严禁不看挡位就进行测量,这样有可能损坏万用表,这是一个从初学时就应养成的良好习惯。

第三步:机械表读取数值 × 挡位=电阻值,9.7×1K=9.7 kΩ(图 3-9)。

(2)100 Ω 电阻的测量。

第一步:指针表打到 ×10 Ω 挡,并短路红黑表笔,做电位调零(图 3-10)。

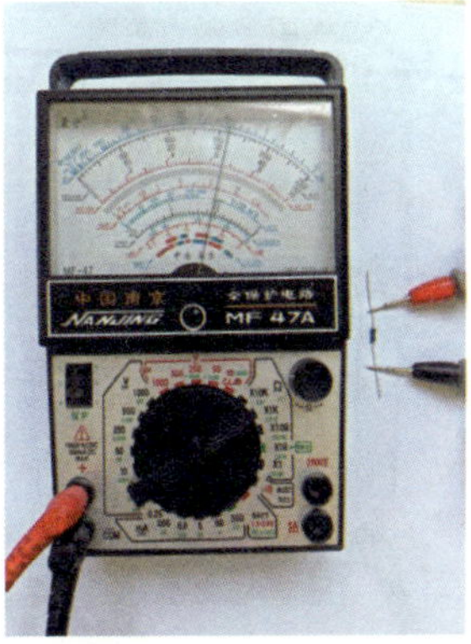

图 3-9　测量电阻

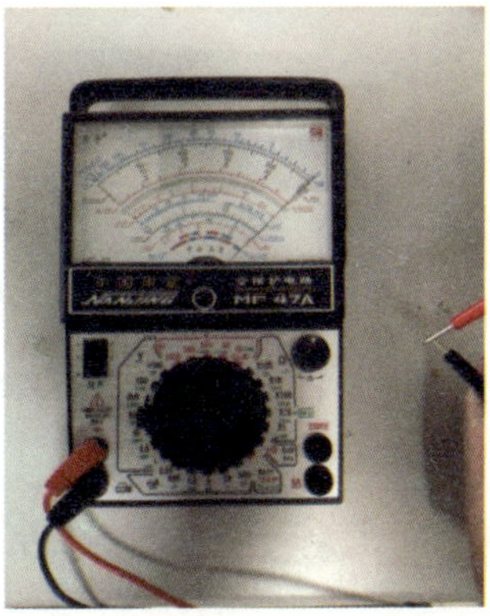

图 3-10　调至 ×10 Ω 挡电位调零

温馨提示：不能在红黑表笔对接时或测量时旋转转换开关，以免旋转到 hFE 挡位时指针迅速摆动，将指针打弯，甚至有可能烧坏万用表。

第二步：指针表读取数值 × 挡位=电阻值，9.8 × 10 Ω=98 Ω（图 3-11）。

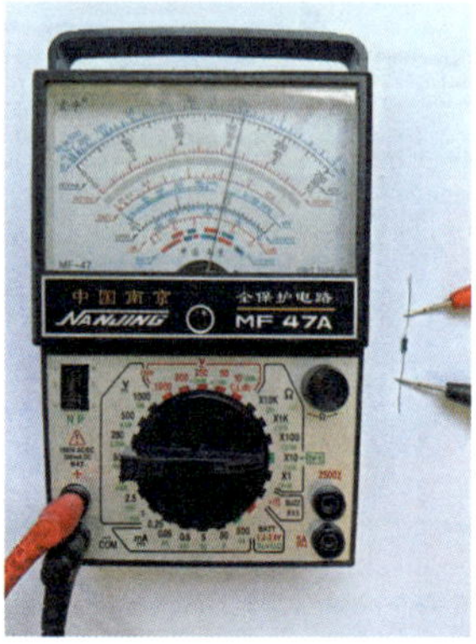

图 3-11　测量电阻

温馨提示：使用万用表时应远离磁场，以免影响表的性能。

电阻（Resistance）就是导体对电流的阻碍作用，在物理学中表示导体对电流阻碍作用的大小，是导体本身的一种性质，电阻越大表示对电流的阻碍作用越大，代表符号为 *R*，国际单位为欧姆（Ω），简称“欧”。

欧姆的全名是乔治·西蒙·欧姆，德国物理学家，探索电压和电流的关系并提出了欧姆定律，为了纪念欧姆对电磁学的贡献，电阻的国际单位就用“欧姆”命名，

（3）10 μF 电容的测量。

第一步：指针表打到 C × 1 挡，并短路红黑表笔，做电位调零（如图 3-12）。

第二步：指针表在表针偏置最大时读取数值 × 电容挡位=电容值，10 × 1=10 μF（图 3-13）。

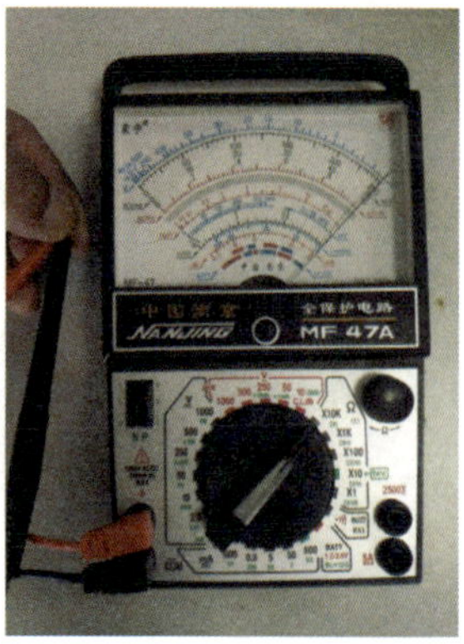

图 3-12　调至 C × 1 挡，电位调零

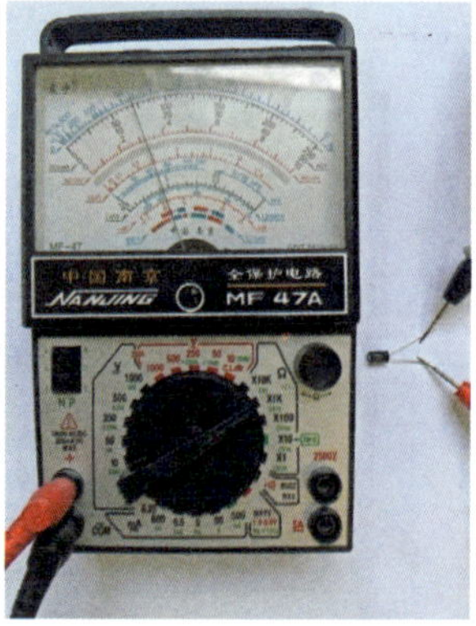

图 3-13　测量电容

电容（Capacitance）亦称作“电容量”，是指容纳电荷的能力，即在给定电位差下自由电荷的储藏量，有静电场就有电容，代表符号为 C，国际单位是法拉（F），简称“法”。导体之间存在介质，阻碍了自由电荷的移动，导致自由电荷积累在导体上，形成了电荷的积累存储。常用的电容单位还有毫法（mF）、微法（μF）、纳法（nF）和皮法（pF）等。

法拉的全名是迈克尔·法拉第，英国物理学家、化学家，自学成才的科学家，首次发现电磁感应现象，并进而得到产生交流电的方法，被称为“电学之父”和“交流电之父”，为了纪念法拉第对电磁学的贡献，电容的国际单位就用“法拉”命名。

（4）电池的测量。

第一步：指针表挡位选直流 2.5 V 挡（图 3-14）。

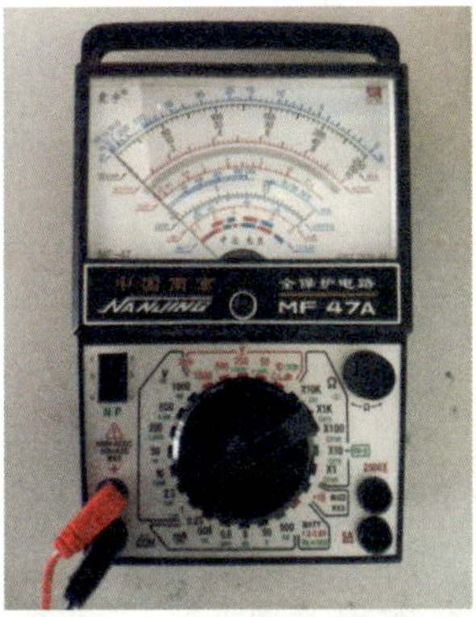

图 3-14　调整挡位

温馨提示：在测量电压、电流时，应先选用大量程的挡位测量一下，再选择合适的量程测量。

第二步：指针电压值读取为 1.5 V（图 3-15）。

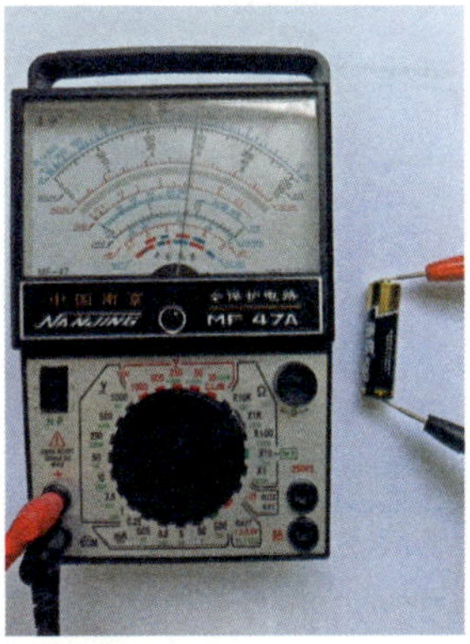

图 3-15　指针电压值读取

（5）发光二极管的测量。

二极管是用硅、硒、锗等半导体材料，利用 PN 结的单向导电性原理制成的一种电子器件，有正极（阳极）和负极（阴极）两个电极，加上正向电压时导通，加上负向电压时截止，所以可以起到开关接通与断开的作用。

常见的二极管有光电二极管和发光二极管。光电二极管又称光敏二极管，管壳上备有一个玻璃窗口，以便接收光照，当光线照射到 PN 结时，可以成对地产生自由电子和空穴，使半导体中少数载流子的浓度提高，在一定的反向偏置电压作用下，反向电流增大，反向电流随光照强度的增大而线性增大，光电二极管常作为光电控制元件应用于光电控制，可以将光能转化为电能用于太阳能发电。发光二极管是一种将电能直接转换成光能的半导体固体显示器件，由于电子与空穴直接复合时会放出能量，因此发光二极管正向偏置通过电流时会发出光来，具有体积小、可靠性高、抗震性好、省电、寿命长等特点，多用于信号指示电路。

第一步：指针表打到 ×10 kΩ 挡，并短路红黑表笔，做电位调零（图 3-16）。

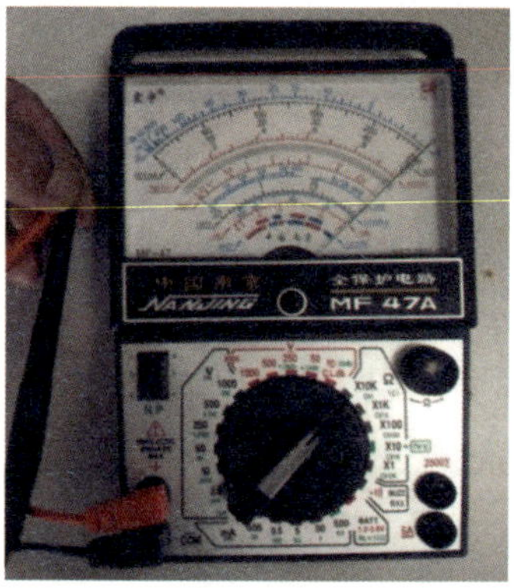

图 3-16　电位调零

第二步：指针表黑笔接触发光二极管正极时导通且发光（图 3-17）。

第三步：指针表黑笔接触发光二极管负极时截止且不发光（图 3-18）。

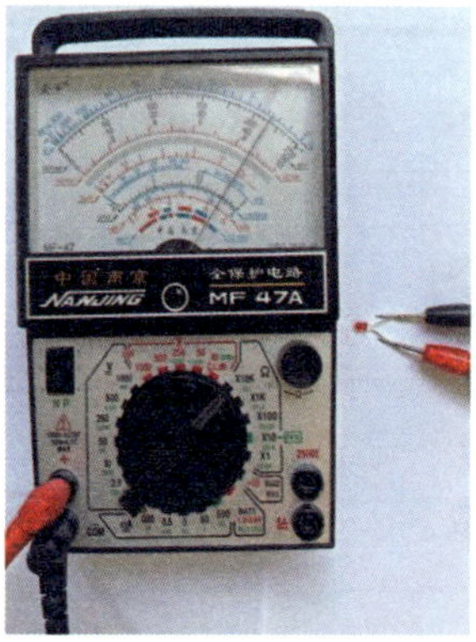

图 3-17　正向导通

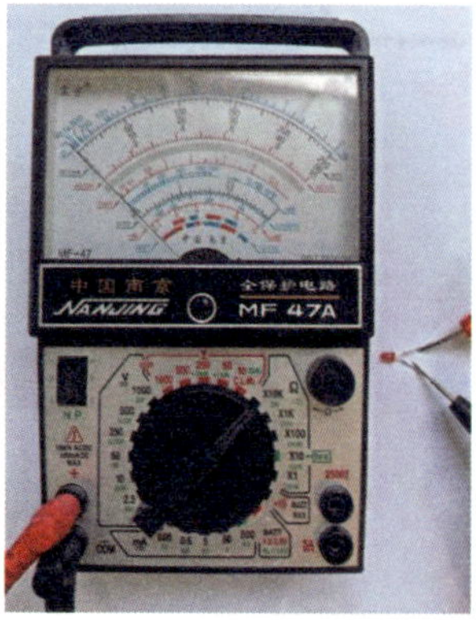

图 3-18　反向截止

温馨提示:发光二极管脚长一端是正极,塑封内小头一端是负极。测量时,正向导通并发光,反向截止并不发光。

(6)三极管的测量。三极管全称应为半导体三极管,其也被称为双极型晶体管、晶体三极管,在一块半导体基片上制作两个相距很近的PN结,两个PN结把整块半导体分成三部分,中间部分是基区,两侧部分是发射区和集电区,有三个引脚,能够把微弱信号放大成幅度值较大的电信号。

第一步:指针表打到晶体管测量挡(hFE),并短路红黑表笔,做电位调零(图3-19)。

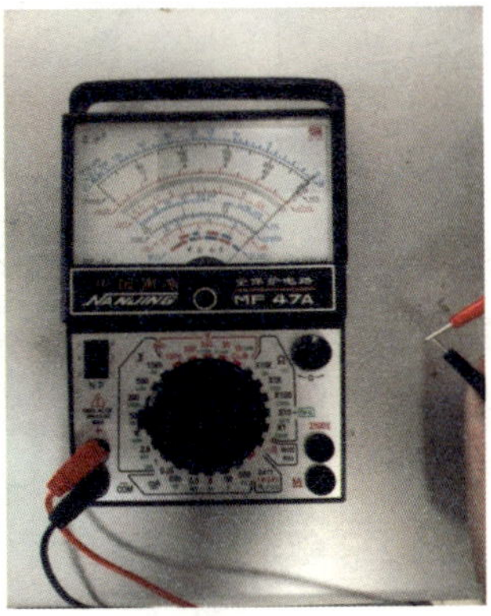

图3-19　电位调零

第二步:指针表黑笔接基极,对集电极和发射极导通为NPN型(图3-20),反之为PNP型(图3-21)。

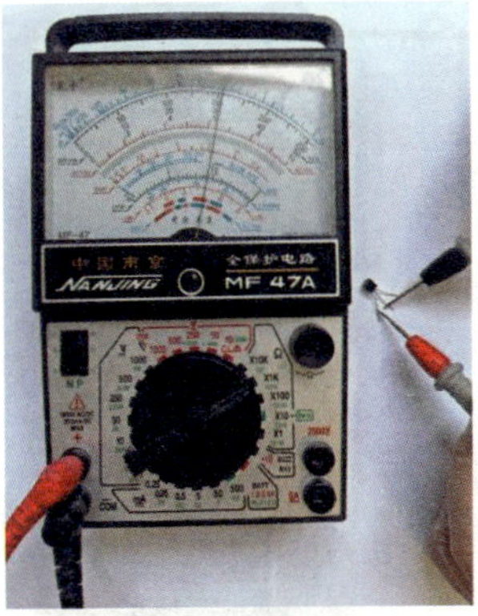

图3-20　BC极导通是NPN型

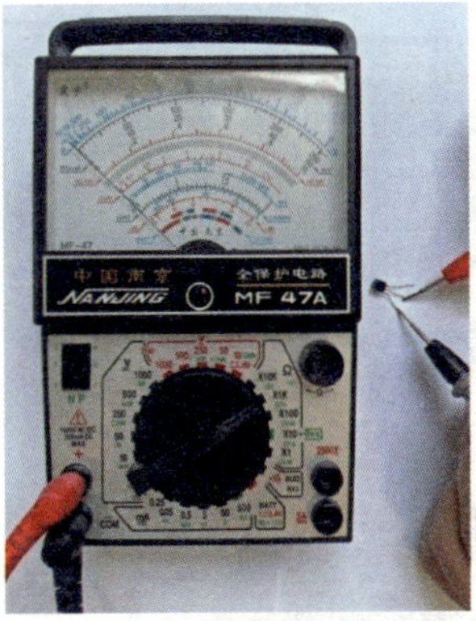

图3-21　BC极截止是PNP型

3)数字式万用表的应用

数字式万用表结构如图3-22所示。

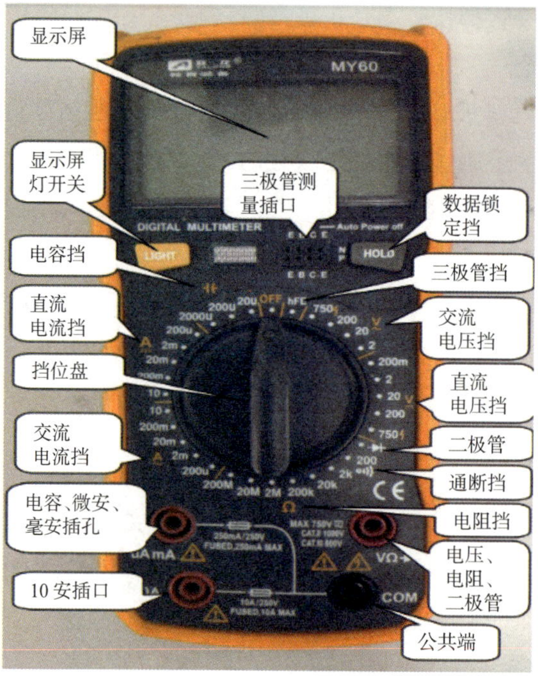

图 3-22　数字式万用表结构

（1）10 kΩ 电阻的测量。

第一步：把黑表笔插到 COM 端，红表笔插到 VΩ 端（图 3-23）。

第二步：挡位选 20 kΩ 挡（图 3-24）。

第三步：电阻值的读取，其电阻值为 9.73 kΩ（图 3-25）。

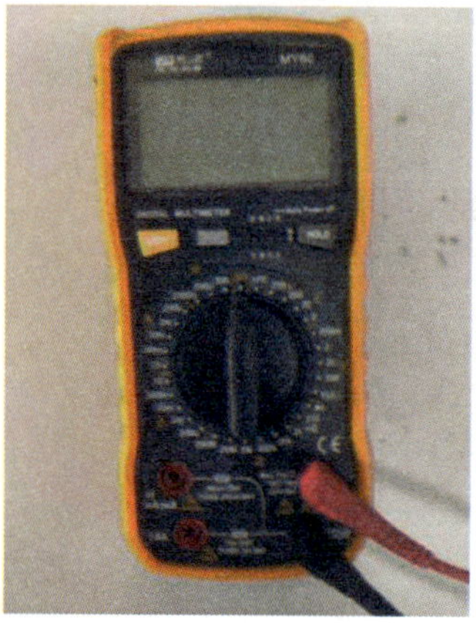

图 3-23　表笔插法

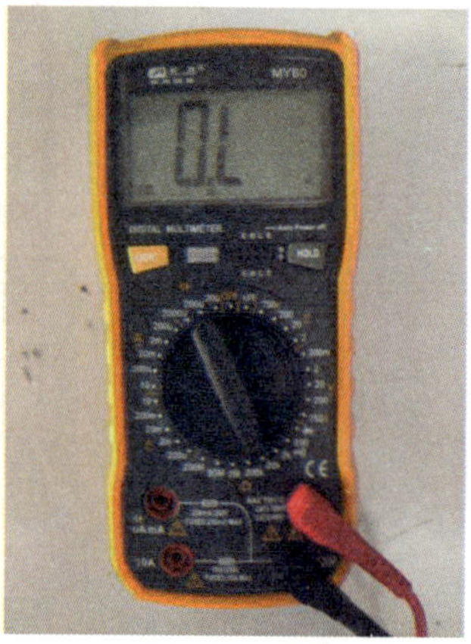

图 3-24　选择挡位

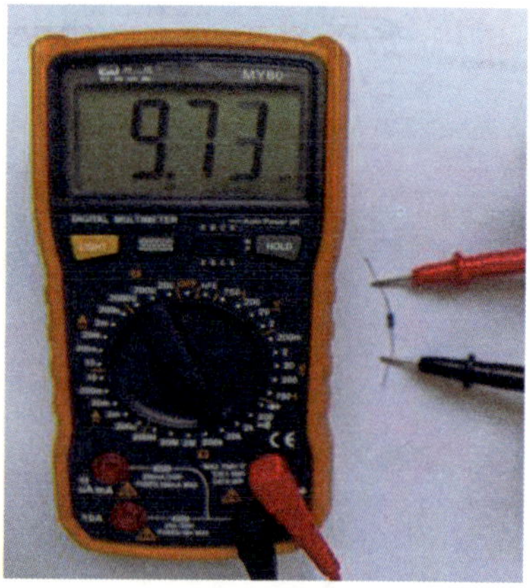

图 3-25　测量电阻

温馨提示：测量高值电阻时，不要用两只手捏住表笔的金属部分，否则会将人体电阻并联于被测电阻而引起测量误差。

（2）100 Ω 电阻的测量。

第一步：把黑表笔插到 COM 端，红表笔插到 VΩ 端（图 3-26）。

第二步：挡位选 200 Ω 挡（图 3-27）。

第三步：电阻值的读取，其电阻值为 98.6 Ω（图 3-28）。

图 3-26　表笔插法

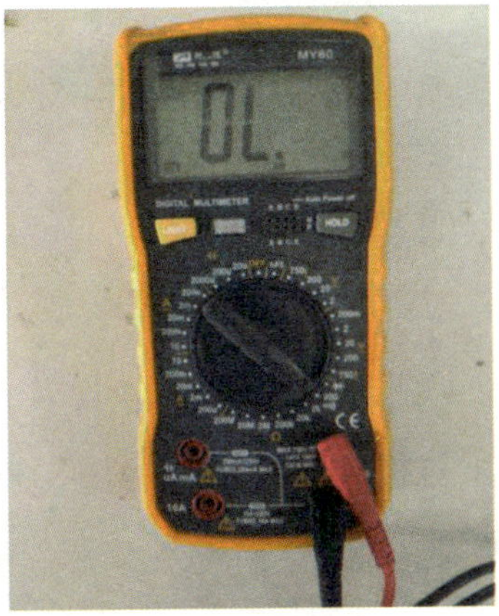

图 3-27　选择挡位

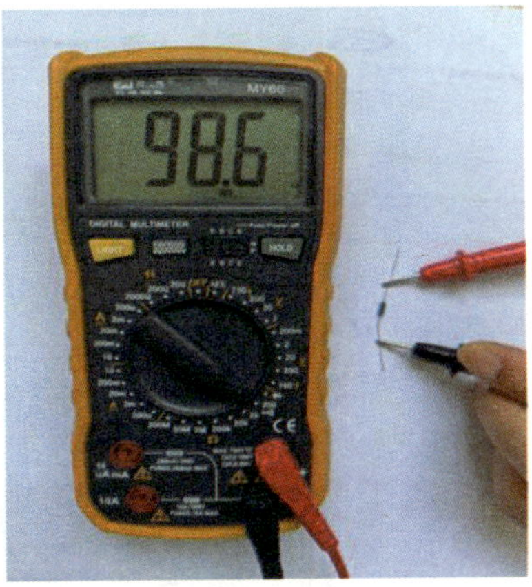

图 3-28　测量电阻

（3）10 μF 电容的测量。

第一步：把黑表笔插到 COM 端，红表笔插到电容和 MA 端（图 3-29）。

第二步：挡位选 200 μF 挡（图 3-30）。

第三步：电容值的读取，其电容值为 107.9 μF（图 3-31）。

图 3-29　表笔插法

图 3-30　选择挡位

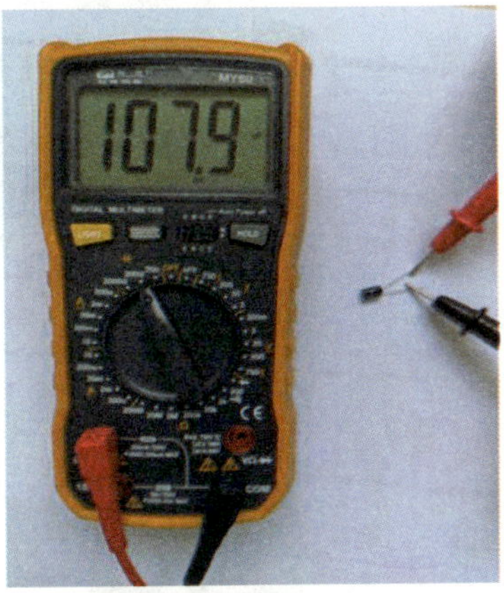

图 3-31　测量电容

（4）电池的测量。

第一步：把黑表笔插到 COM 端，红表笔插到 VΩ 端（图 3-32）。

第二步：挡位选直流 2 V 挡（图 3-33）。

第三步：电压值的读取，其电压值为 1.438 V（图 3-34）。

图 3-32　表笔插法

图 3-33　选择挡位

图 3-34　测量电池

（5）发光二极管的测量。

第一步：把黑表笔插到 COM 端，红表笔插到 VΩ 端（图 3-35）。

第二步：挡位选 20 kΩ 挡（图 3-36）。

第三步：红笔接触发光二极管正极时导通且发光（图 3-37）。

红笔接触发光二极管负极时截止且不发光（图 3-38）。

图 3-35　表笔插法

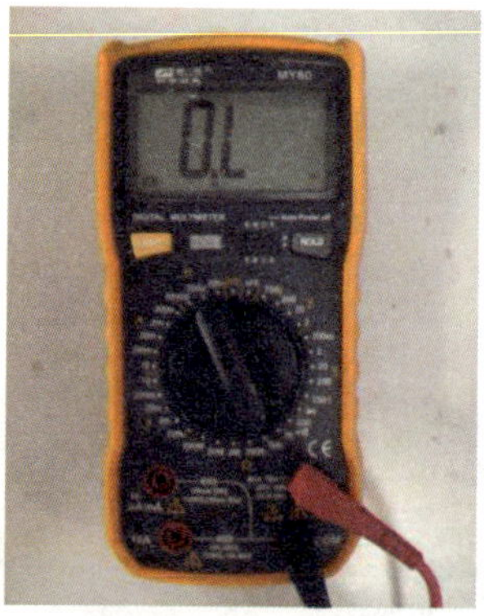

图 3-36　选择挡位

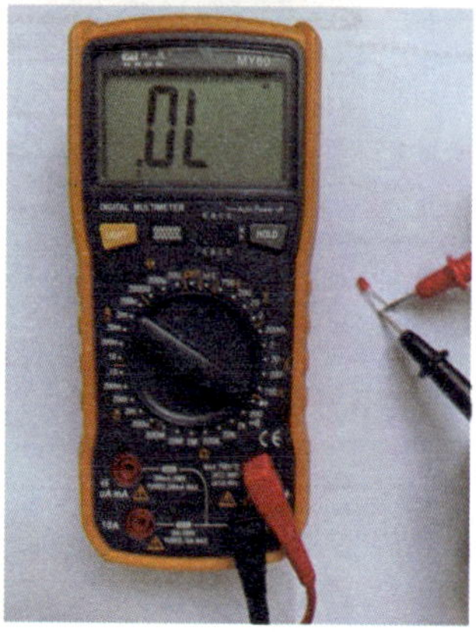

图 3-37　正向导通

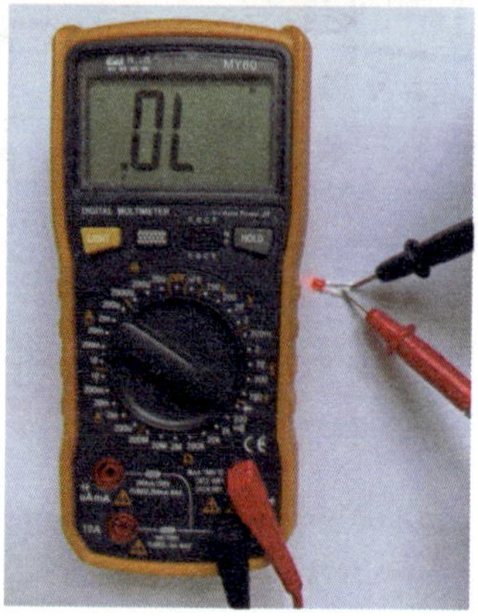

图 3-38　反向截止

（6）三极管的测量。

第一步：把黑表笔插到 COM 端，红表笔插到 VΩ 端（图 3-39）。

第二步：挡位选晶体管测量挡（hFE）（图 3-40）。

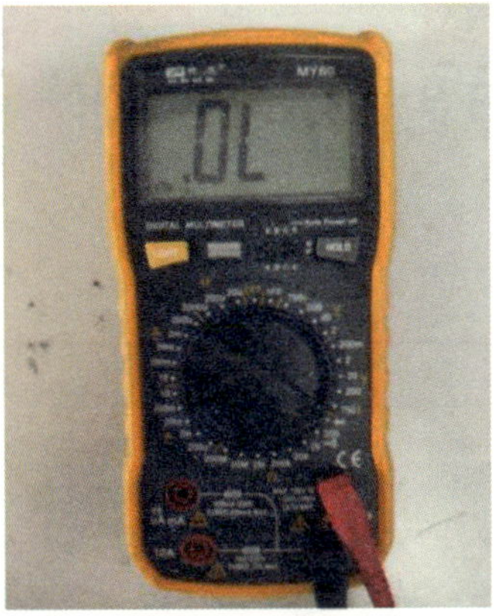

图 3-39　表笔插法

图 3-40　选择挡位

第三步：红笔接基极，BC 极导通为 NPN 型（图 3-41），反之为 PNP 型（图 3-42）。

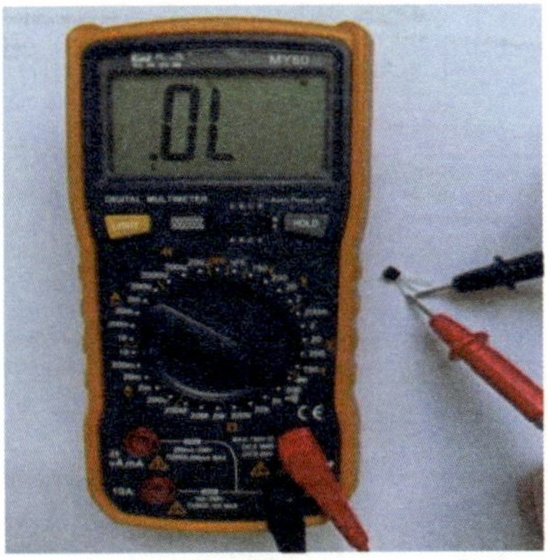

图 3-41　BC 极导通是 NPN 型

图 3-42　BC 极截止是 PNP 型

【任务小结】

万用表是一种多功能、多量程、多用途的测量仪表，是电工电子技术必不可少的工具之一，给实际工作带来极大方便，也极大提高工作效率，熟练使用万用表是一名电工必备的技能。通过本任务的学习，掌握万用表的测量方法、读数方法、挡位和量程的使用方法，进而熟练使用万用表。

项目四

基本电路

项目名称	基本电路
教学目标	知识目标 具备读图和识图的能力，能够根据电路图搭建串联、并联、混联电路；正确使用指针式电流表和指针式电压表；具备搭建电路实物图的能力，并且点亮电珠。 技能目标 了解电路的串联、并联、混联，熟练使用电流表和电压表。 情感目标 通过掌握基本电路搭建技能，激发学生学习电子技术的兴趣，培养学生善于思考，勤于动手的习惯。 思政目标 通过不断提升基本电路模块实验难度，引导学生做事情不能畏惧困难，培养坚持不懈追求真理的精神。同时，通过实操验证理论知识的过程，让学生从中悟出“实践是检验真理的唯一标准”的哲学观点
教学重点	串联电路、并联电路、混联电路
教学难点	正确区分串联电路、并联电路、混联电路；串联、并联电路的特点
教学方法	讲授法、情景教学法、项目教学法、小组讨论法
学习方法	实验法、自主学习法、探究学习法
项目导读	通过实验室规章制度及常用电工工具使用的学习，我们已经掌握了基本用电安全知识并且培养了良好的学习习惯。今天我们将开启本课程的第一个实验项目——基本电路模块实验，通过该项目的学习，首先我们可以认识基本电路的重要组成部分，其次我们能正确区分串联电路、并联电路以及混联电路，然后能点亮不同类型电路下的电珠，观察并分析不同的实验现象，通过指针式电流表、电压表测量线路的电流和电压，最后总结出不同类型电路的电压及电流特点
项目任务	任务一　串联电路
	任务二　并联电路
	任务三　混联电路

任务一　串联电路

【任务要求】

（1）根据电路原理图，正确搭建串联电路。

（2）在搭建的串联电路中成功点亮电珠。

（3）正确使用电流表测量电流。

（4）探究串联电路的电流特点。

【实训设备】

导线数根、电珠 2 个、电珠底座 4 个、1.5 V 电池 4 节、开关 1 个、电池底座 4 个、指针式电流表 2 台。

【任务内容】

1. 情景导入

有一天晚上，家里面突然停电了，王刚急忙找到家里面的手电筒，当他按下开关的时候，手电筒就发出一束非常亮的光线，照亮了整个屋子，这时候他对手电筒的发光原理十分好奇，心里面想：它的工作结构及工作原理是什么呢？于是上网查看资料，了解到手电筒的电路是一个简单的基本电路，由电源、开关、电珠、导线串联形成一个回路，那么这个时候他又在思考，如果是两个电珠串联能不能同时点亮呢？点亮之后又会有什么现象呢？

2. 任务原理

按照图 4-1 所示正确搭建电路，图中包含电源、电珠、开关、导线。闭合开关 S，电路正常工作，两个电珠能被点亮。

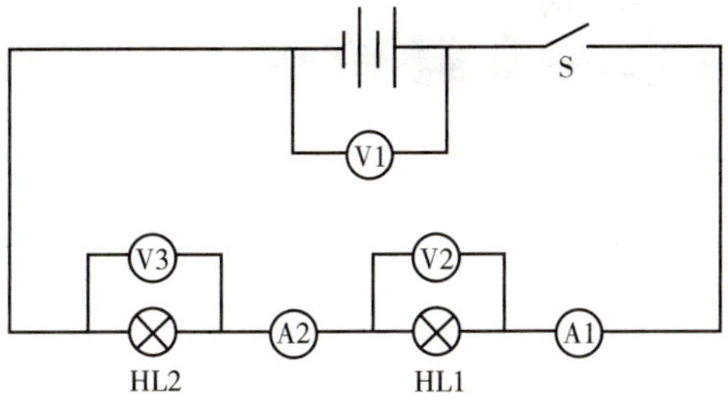

图 4-1　串联电路原理图

3. 实训步骤

1)准备材料

电池及电池底座各 2 个,电珠及电珠底座各 2 个、导线数根、开关 1 个,具体如图 4-2 所示。实验前应当进行元器件及设备安全检查,第一步,应当检查电池是否存在破损或漏液,若出现相关情况第一时间联系任课老师进行更换,如已接触到碱性溶液,应马上用大量清水冲洗,以稀释碱性溶液、减轻伤害,防止加重损伤已经被灼伤的皮肤;第二步,应当检查电珠是否完整,检查内部钨丝是否断裂,玻璃外壳是否有破损,若已经破损第一时间联系任课老师进行处理,避免碎玻璃刮伤皮肤。

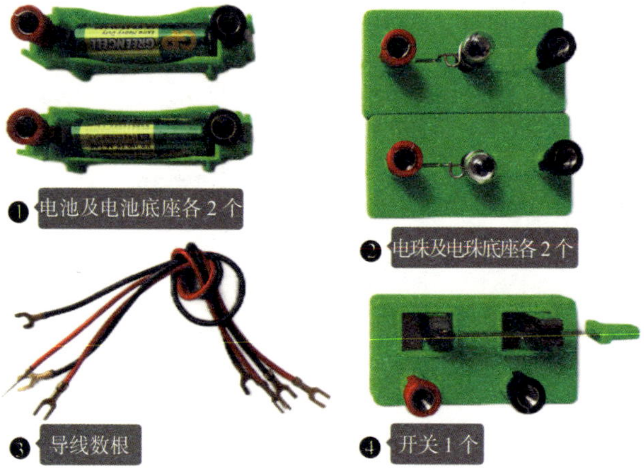

图 4-2 串联电路实验准备材料

2)元件位置布局

按照图 4-1 串联电路原理图,将对应的元件放置到相应的位置,具体如图 4-3 所示。

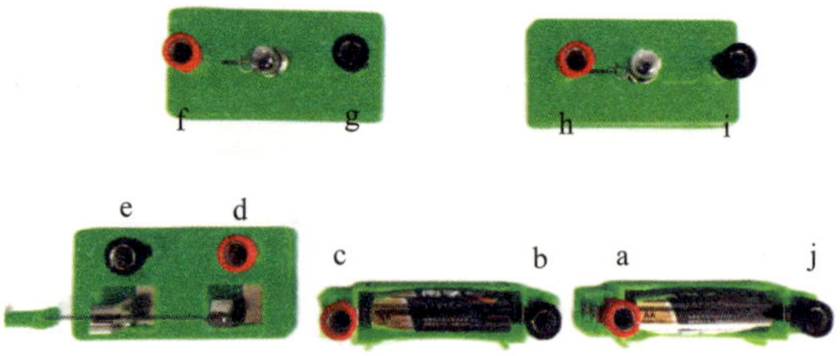

图 4-3 串联电路元件位置布局图

布局元件位置时应注意以下几点。

(1)正确区分元件的正负极。红色和"+"代表正极,黑色和"-"代表负极。

(2)严格按照原理图元件位置进行布局。

3)电源和开关连接

用红色导线将 a 和 b 连接,c 和 d 连接,如图 4-4 所示。连接电源时,同学们一定要注意不能出现电源短路（即正负极短接）和极性接错（正极接正极，负极接负极）的情况。

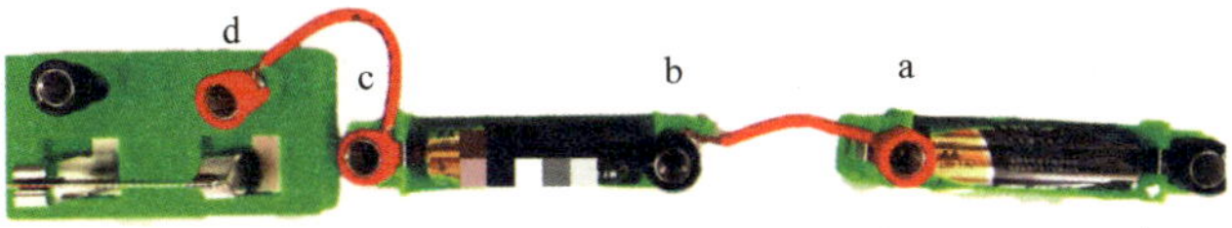

图 4-4　串联电路电源和开关连接图

5 号电池（即 AA）是电池种类之一，其一般尺寸为直径 14 mm，高度 50 mm。5 号电池体积小、容量适中，输出电压 1.5 V，如图 4-5 所示。

7 号电池（即 AAA 电池），其一般尺寸为直径 10.1 mm，高 43.6 mm。比 AA 电池小，输出电压 1.5 V。如图 4-6 所示。

图 4-5　5 号电池

图 4-6　7 号电池

4）开关和电珠连接

用红色导线将 e 和 f 连接，g 和 h 连接，如图 4-7 所示。连接过程中应当确保开关均处于断开状态。

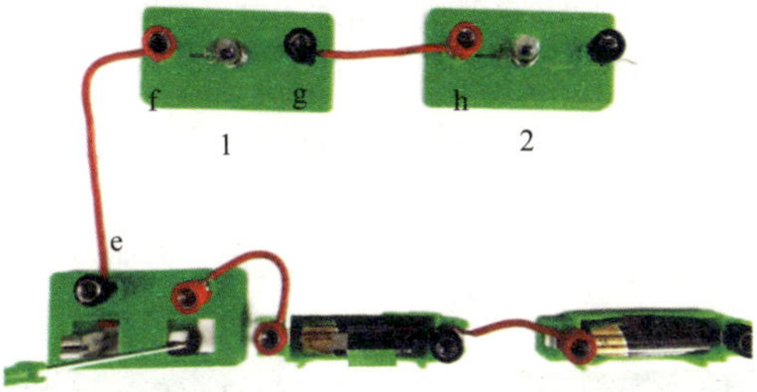

图 4-7　串联电路开关和电珠连接图

电路中有两个或多个电阻一个接一个顺序相连，并且在这些电阻中通过统一的电流，以这种方式连接的电路称为串联电路。例如，图 4-7 中，1 号电珠的 g（尾）和 2 号电珠的 h（首）相连。

有的导体对电流阻力小，就说这种导体导电能力强，有的导体对电流阻力大，就说这种导体导电能力弱,这种对于导电所表现的能力就叫做导体电阻,也称为电阻,用符号 R 表示,电阻的单位是欧姆,它的符号是 Ω。

小电珠是一种钨丝灯泡,由玻璃、金属、绝缘材料等制成,电珠对电流具有阻碍作用,所以它也视为电阻,可作为手电筒的光源,配电箱的指示灯等,如图 4-8 所示。分别有四种额定电压 1.5 V/2.5 V/3.8 V/6 V,额定电流均为 0.3 A。

图 4-8　电珠实物图

5)电珠和电源连接

用黑色导线将 i 和 j 连接,如图 4-9 所示。

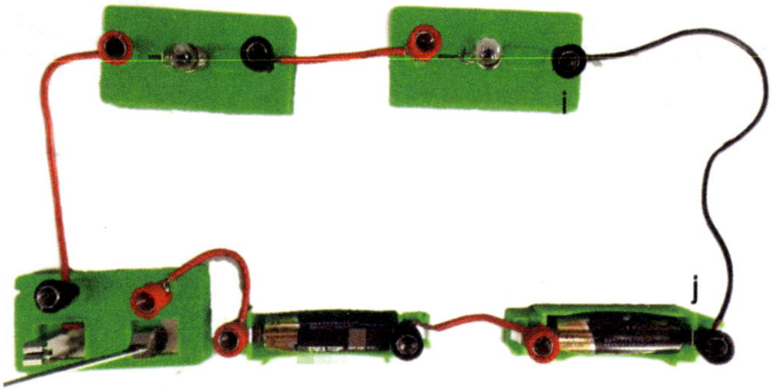

图 4-9　串联电路电珠和电源连接图

所有元器件连接完毕。

4. 实训现象

开关闭合后,如果两个电珠被点亮,证明串联电路实验成功,如图 4-10 所示。

图 4-10　串联电路实验结果

通过仔细观察两个电珠的发光情况,我们可以明显看到两个电珠的亮度是一致的。此时,王刚又陷入沉思,思考电珠亮度为何一致,进而开启下一步实训现象的探究……

为了进一步探究实训结果，王刚增加实训设备，包括 2 台指针式电流表、3 台指针式电压表和 2 节 1.5 V 电池，用电流表和电压表测量电路各节点的电流、电压。具体步骤如下：

第一步，进行机械调零，确保指针指向仪表盘零刻度线；

第二步，根据电流大小选择合适的量程；

第三步，将电流表串联在所测电路中，导线从红色接线柱接入，从黑色接线柱接出，具体接线方式如图 4-11 所示。

图 4-11　电流表测量串联电路电流实物接线图

A1 电流表串联接入 HL1 电珠之后，用于测量经过 HL1 电珠的电流；A2 电流表串联接入 HL2 电珠之后，用于测量经过 HL2 电珠的电流；V1 电压表与 HL1、HL2 并联，用于测量 HL1、HL2 两端的电压；V2 并联在 HL1 两端，测量 HL1 两端的电压；V3 并联在 HL2 两端，测量 HL2 两端的电压。

闭合开关之后的各电流表和电压表数值如图 4-12 和图 4-13 所示。

A2　　A1

图 4-12　电流表测量值

V3　　V2　　V1

图 4-13　电压表测量值

由图 4-11 可以看出，两颗电珠亮度几乎一致，但是亮度没有只有一个电珠时强；由图 4-12 可以看出，电流表 A1、A2 指针所指示的刻度几乎一致（因为实验设备老化等原因），即测量的电流大小几乎一致。

A1 和 A2 的量程都是选择 0.6 A，根据“若选用量程为 0.6 A，则最小分度为 0.02 A，读数应估读到其最小分度的 1/2，不足半格的舍去，超过半格的读半格”读数规则，视线与刻度线和指针所处位置相垂直（也可以看指针影子落在刻度线上的位置），得出：A1 的读数约为 0.22 A、A2 的读数约为 0.22 A。为此，我们得出以下结论，因通过每个电珠的电流相等，所以电珠的亮度一致。所以，串联电路中流过每个电路元件的电流都是相同的。

V1、V2、V3 的量程都是选择 15 V，按照“若选用量程为 15 V，则最小分度为 0.5 V，读数应估读到其最小分度的 1/5，不足半格的舍去，超过半格的读半格”读数规则，视线与刻度线和指针所处位置相垂直（也可以看指针影子落在刻度线上的位置），得出：V1 的读数约为 4 V、V2 的读数约为 2.5 V、V3 的读数约为 1.5 V。我们可以发现，V1 约等于 V2 和 V3 的和，也就可以得出这样的结论：L1 两端电压和 L2 两端电压之和等于 L1、L2 两端的电压值。所以，串联电路中各电路元件两端的电压之和为总电压，串联电路也就有分压的作用。

在电工电子技术学习中，要学习和弘扬求真务实、精益求精的工匠精神，实事求是地将每一件事做好、做精、做到极致。

实验完成以后，将所有材料分类摆好，放到固定位置，实训桌面打扫干净方可离开实验室。

【任务小结】

（1）基本电路由电源、开关、用电器、导线构成。

（2）电阻是对电流具有阻碍作用的元器件，电珠属于电阻。

（3）电路中有两个或多个电阻一个接一个顺序相连，电阻中通过统一电流，以这种方式连接的电路称为串联电路。

（4）连接电路时注意电子元器件的正负极，同时保证开关处于断开状态。

（5）指针式电流表的使用步骤：第一步，进行机械调零，确保指针指向仪表盘零刻度线；第二步，根据电流大小选择合适的量程；第三步，将电流表串联在所测电路中，导线从红色接线柱接入，从黑色接线柱接出；第四步，正确估读示数。

（6）串联电路中，各电阻上的电流相等，各电路元件两端的电压之和为总电压。串联电路也有分压的作用。

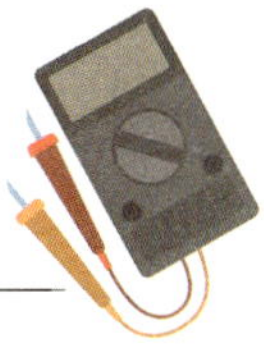

任务二　并联电路

【任务要求】

（1）根据电路原理图，正确搭建并联电路。

（2）在搭建的并联电路中成功点亮电珠。

（3）正确使用指针式电压表测量电压。

（4）探究并联电路的电压特点。

【实训设备】

导线数根、电珠 2 个、电珠底座 2 个、1.5 V 电池 4 节、开关 1 个、电池底座 4 个、指针式电压表 2 台。

【任务内容】

1. 情景导入

通过第一个任务的学习，我们认识了串联电路，并实现相应的电路功能，这时候王刚发现串联以后的电珠亮度明显变弱了，那么能否换一种连接方式，既能同时点亮两个小电珠，又不会影响电珠的亮度，通过多次实验以后，终于成功了，接下来我们一起来探究如何实现。

2. 任务原理

按照图 4-14 并联电路原理图搭建电路，图中包含电源、电珠、开关、导线。闭合开关 S，电路正常工作，两个电珠同时被点亮。

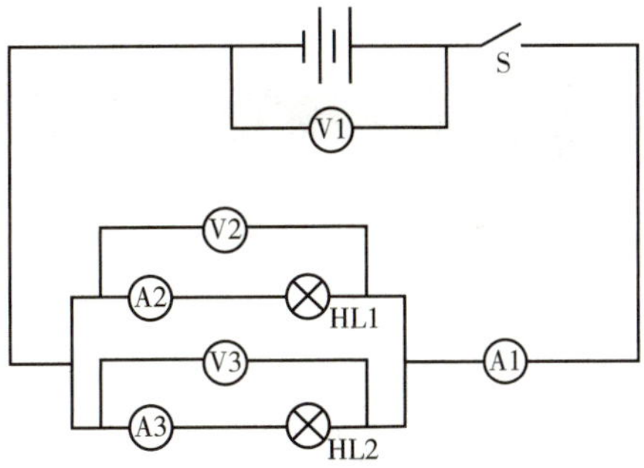

图 4-14　并联电路原理图

3. 实训步骤

1)准备材料

电池及电池底座各 2 个,电珠及电珠底座各 2 个、导线数根、开关 1 个。具体如图 4-15 所示。实验前应当进行元器件及设备安全检查,具体参考任务一。

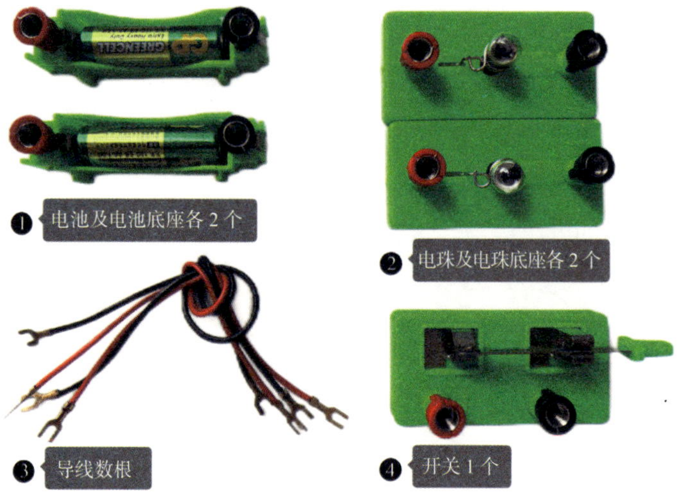

图 4-15　并联电路实验准备材料

2)元件位置布局

按照图 4-14 并联电路原理图,将对应的元件放置到相应的位置,具体如图 4-16 所示。

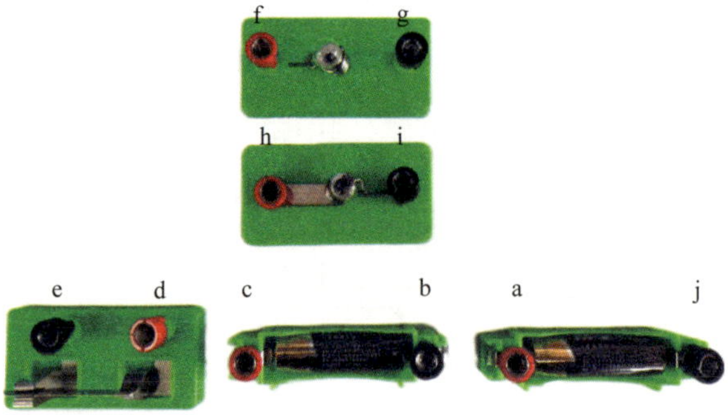

图 4-16　并联电路元件位置布局图

3)电源和开关连接

用红色导线将 a 和 b 连接, c 和 d 连接,如图 4-17 所示。连接电源时,同学们一定要注意不能出现电源短路(即正负极短接)和极性接错(正极接正极,负极接负极)的情况。

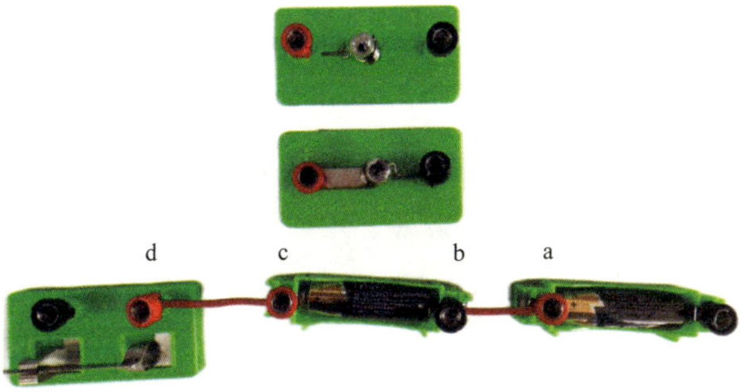

图 4-17　并联电路电源和开关连接图

4）开关和电珠连接

用红色导线将 e 和 f 连接，f 和 h 连接，g 和 i 连接，如图 4-18 所示。连接过程中应当确保开关均处于断开状态。

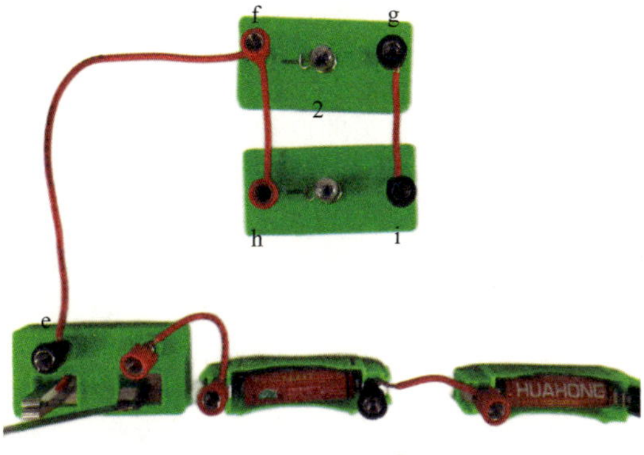

图 4-18　并联电路开关和电珠连接图

并联是将两个电阻或更多个电阻首首相接，同时尾尾亦相连的一种连接方式。例如：图 4-18 中，2 号电珠 f（首）和 1 号电珠 h（首）连接，2 号电珠 g（尾）和 1 号电珠 i（尾）连接。

5）电珠和电源连接

用黑色导线将 g 和 j 连接，如图 4-19 所示。

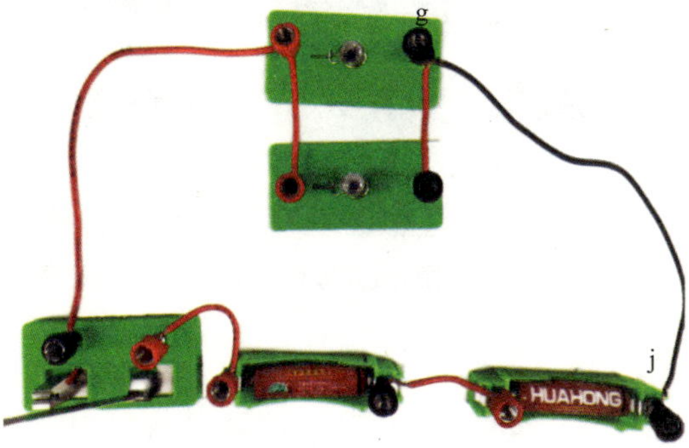

图 4-19　并联电路电珠和电源连接图

4. 实训现象

开关闭合后,如果两个电珠被点亮,证明并联电路实验成功,如图 4-20 所示。

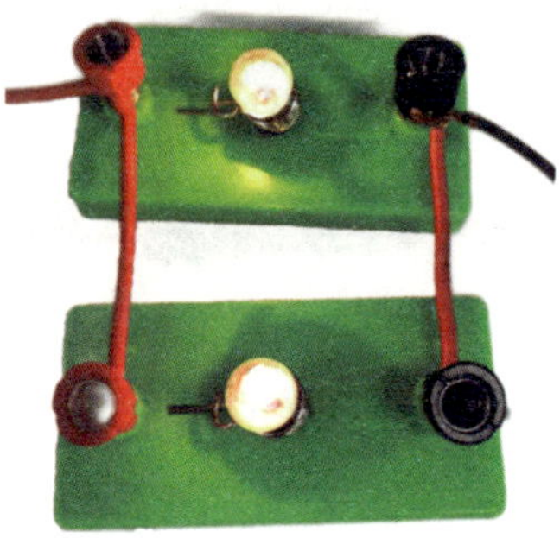

图 4-20 并联电路实验结果

通过观察两个电珠的发光情况,我们可以明显看到 1 号电珠和 2 号电珠的亮度也是一致的,但是亮度比串联电路上的要亮。为了弄清楚电珠亮度一致的原因,王刚开启了实训现象的探究……

为了进一步探究实训结果,王刚增加实训设备:3 台指针式电流表、3 台指针式电压表,用电流表和电压表测量电路各节点的电流、电压。具体步骤如下:

第一步,进行机械调零,确保指针指向仪表盘零刻度线;

第二步,根据电压大小选择合适的量程;

第三步,将电压表并联在所测元件中,导线从红色接线柱接入,从黑色接线柱接出,具体接线方式如图 4-21 所示。

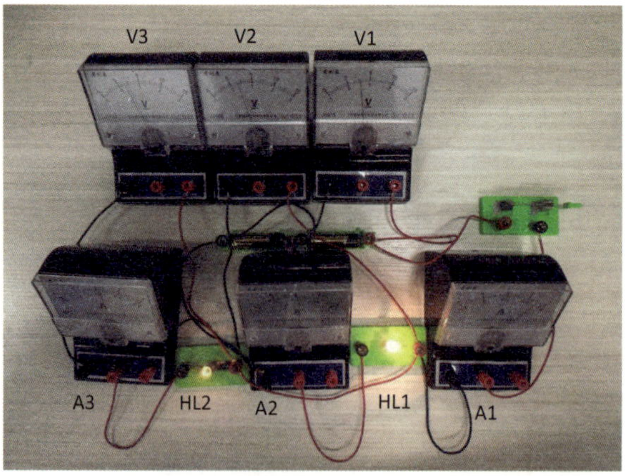

图 4-21 电压表测量并联电路电压实物接线图

V1 电压表与 HL1、HL2 电珠并联,用于测量 HL1、HL2 电珠两端的电压;V2 电压表与 HL1 电珠并联,用于测量 HL1 电珠两端的电压;V3 电压表与 HL2 电珠并联,用于测量 HL2 电珠两端的电压;A1 与电源、开关串联,测量干路上的电流;A2 与 HL1 电珠串联,用于测量经过 HL1 电珠的电流；A3 与 HL2 电珠串联，用于测量经过 HL2 电珠的电流。闭合开关之后的实训结果如图 4-22 和图 4-23 所示。

图 4-22　电压表测量值

图 4-23　电流表测量值

由图 4-23 可看出，两颗电珠亮度几乎一致；由图 4-22 可以看出，电流表 V1、V2、V3 指针所指示的刻度几乎一致，即测量的电压值大小几乎一致。

根据指针式电压表“若选用量程为 15 V，则最小分度为 0.5 V，读数应估读到其最小分度的 1/5，不足半格的舍去，超过半格的读半格；若选用量程为 3 V，则最小分度为 0.1 V，读数应估读到其最小分度的 1/2，不足半格的舍去，超过半格的读半格”读数规则，V2 的读数约为 2 V、V3 的读数约为 2 V。我们可以发现，V2 的电压约等于 V3 的电压，也就可以得出这样的结论：HL1 两端电压和 HL2 两端电压值相等。所以，并联电路各支路两端的电压相等。

根据指针式电流表“若选用量程为 3 A，则最小分度为 0.1 A，读数应估读到其最小分度的 1/2，不足半格舍去，超过半格的读半格；若选用量程为 0.6 A，则最小分度为 0.02 A，读数应估读到其最小分度的 1/2，不足半格的舍去，超过半格的读半格”读数规则，A1、A2 和 A3 的量程都是选择 0.6 A，A1 的读数约为 0.49 A、A2 的读数约为 0.24 A、A3 的读数约为 0.24 A，可以发现 A1 的电流约等于 A2 和 A3 的电流之和，也就是干路电流等于各支路电流之和。所以，并联电路中的干路电流等于各支路电流之和，具有分流的作用。

实验完成以后，将所有材料分类摆到相应位置，将实训桌面打扫干净，离开实验室。

【任务小结】

（1）在电源电压不变、电珠不改变的情况下，并联电路电珠的亮度大于串联电路电珠亮度；

（2）并联是将两个电阻或更多个电阻首首相接，同时尾尾亦相连的一种连接方式，并联电路存在多个分支；

（3）指针式电压表的使用步骤：第一步，进行机械调零，确保指针指向仪表盘零刻度线；第二步，根据电压大小选择合适的量程；第三步，将电压表并联所测元件，导线从红色接线柱接入，从黑色接线柱接出；第四步，正确估读示数。

（4）并联电路中，每个支路两端的电压相等，各支路的电流之和等于干路电流。并联电路具有分流的作用。

任务三　混联电路

【任务要求】

（1）根据电路原理图，正确搭建混联电路。

（2）在搭建的混联电路中成功点亮电珠。

【实训设备】

导线数根、电珠3个、电珠底座3个、1.5 V电池2节、开关1个、电池底座2个。

【任务内容】

1. 情景导入

通过完成上面两个任务，我们已经认识了串联、并联电路，并实现了相应的电路功能。这时候，王刚突发奇想，如果电路中既有串联又有并联的电路，小电珠亮度会发生怎样的改变呢？王刚又迅速投入第三个实验的探究中……

2. 任务原理

按照图4-24混联电路原理图所示搭建混联电路，图中包含电源、电珠、开关、导线。闭合开关S，电路正常工作，保证三个电珠同时被点亮。

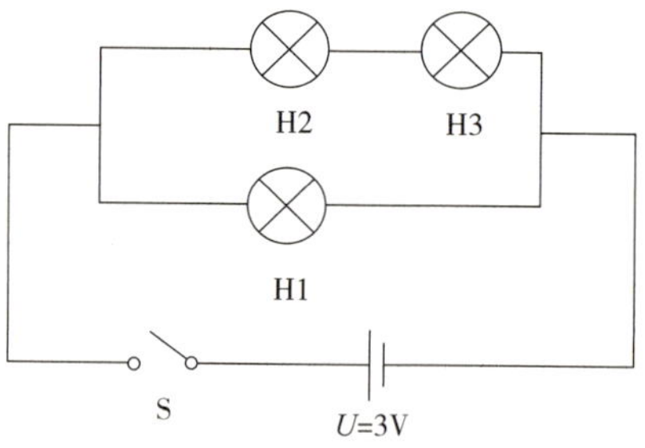

图4-24　混联电路原理图

3. 实训步骤

1）准备材料

电池及电池底座各2个，电珠及电珠底座各3个、导线数根、开关1个。具体如图4-25所示。实验前应当进行元器件及设备安全检查，具体参考任务一。

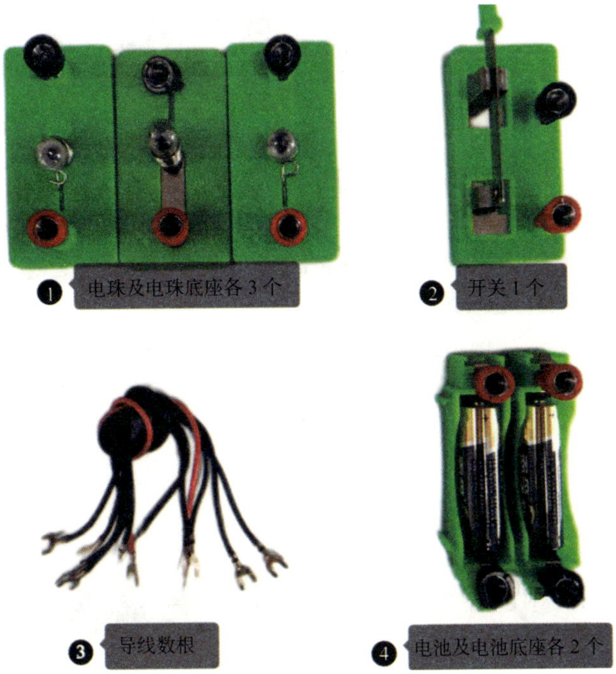

图 4-25 实验准备材料

2)元件位置布局

按照图 4-24 混联电路项目原理图，将对应的元件放置到相应的位置，具体如图 4-26 所示。

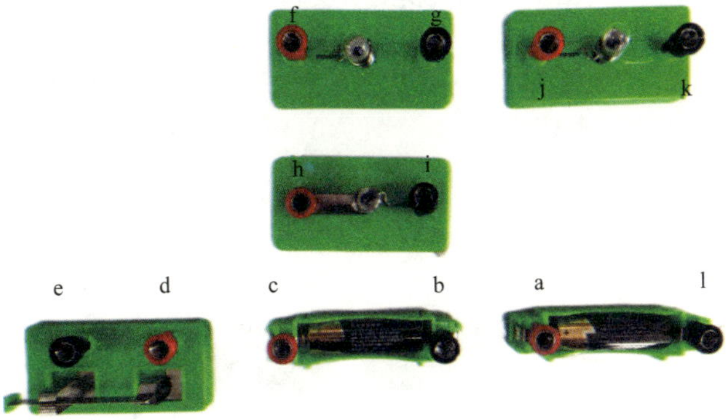

图 4-26 混联电路元件位置布局图

3)电源和开关连接

用红色导线将 a 和 b 连接， c 和 d 连接，如图 4-27 所示。连接电源时，同学们一定要注意不能出现电源短路(即正负极短接)和极性接错(正极接正极，负极接负极)的情况。

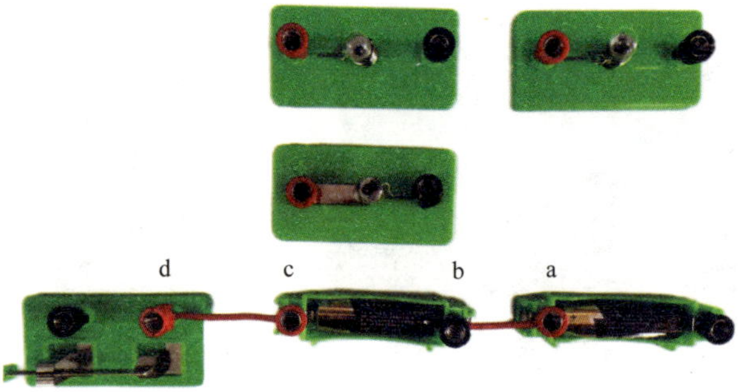

图 4-27　混联电路电源和开关连接图

4)开关和电珠连接

用红色导线将 e 和 f 连接,f 和 h 连接,g 和 i 连接,g 和 j 连接,如图 4-28 所示。连接过程中应当确保开关均处于断开状态。

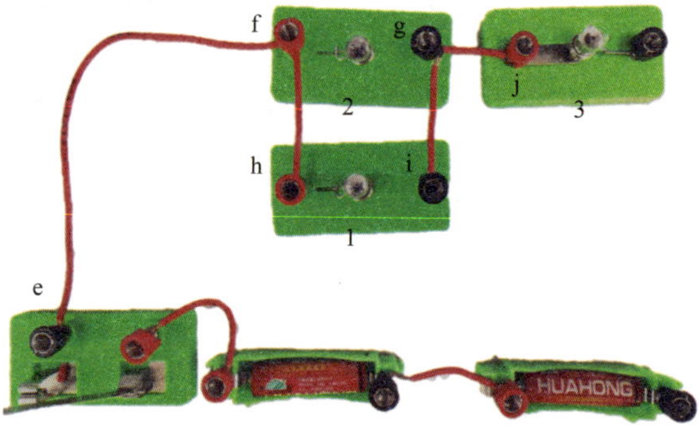

图 4-28　混联电路开关和电珠连接图

如果一个电路中的电阻既有串联,又有并联,则称为电阻的混联。例如:1 号电珠和 2 号电珠并联,2 号电珠和 3 号电珠串联。

5)电珠和电源连接

用黑色导线将 k 和 l 连接,如图 4-29 所示。

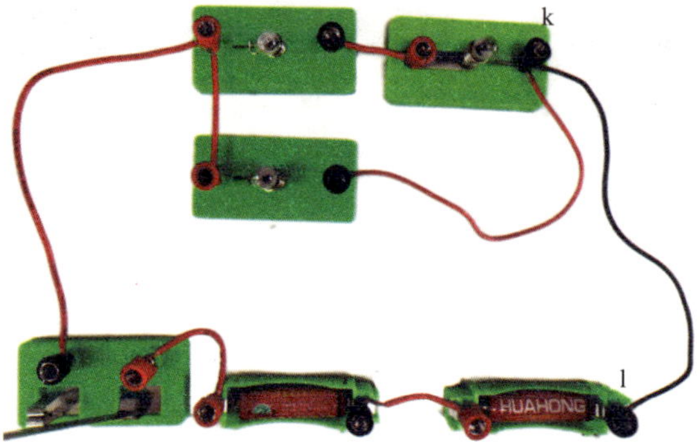

图 4-29　混联电路电珠和电源连接图

4. 实训现象

开关闭合后,如果三个电珠被点亮,证明混联电路实验成功,如图 4-30 所示。

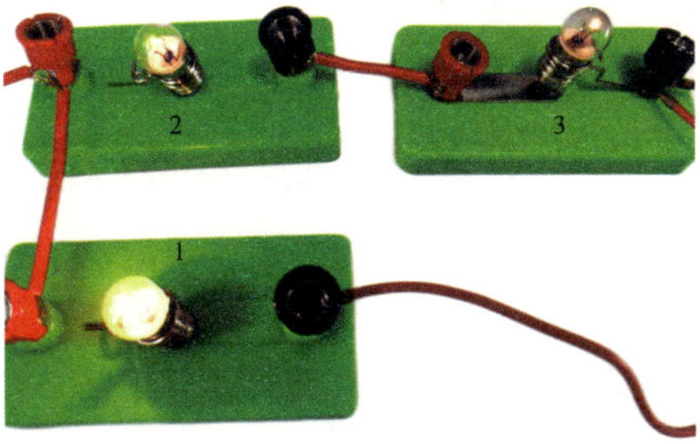

图 4-30　混联电路实验结果

通过观察实训现象,我们可以明显看见 2 号电珠和 3 号电珠的亮度一致,并且都没有 1 号电珠亮。实验完成以后,将所有材料分类摆到相应位置,将实训桌面打扫干净,离开实验室。

【任务小结】

(1)在电源电压不变、电珠不改变的情况下,串联电路电珠亮度明显比并联部分电珠弱;

(2)混联是指一个电路中的电阻既有串联,又有并联;

(3)本次任务的完成得益于前两次任务的实训结果,而且每一次任务的难度都在逐级增加,由此可以引导学生敢于面对生活中的每一个困难,并且克服它,这样才能取得最终的胜利,从而悟出"实践是检验真理的唯一标准"这个哲学观点。

项目五

常用的电路分析定律

<table>
<tr><th>项目名称</th><th>常用的电路分析定律</th></tr>
<tr><td>教学目标</td><td>知识目标
理解欧姆定律和基尔霍夫定律。
技能目标
了解电流、电压和电阻之间的关系；学会认识电路里面的支路、节点、回路；能够应用欧姆定律、基尔霍夫定律进行电路分析。
情感目标
通过欧姆定律实验，可以更好地理解电流、电压和电之间的关系，培养实训操作能力和数据分析能力，激发同学们对电路的兴趣，增强学生对自我学习成果的认同感和成就感，激发进一步探索科学的热情。
思政目标
严谨的科学家精神，在实验过程中，培养一丝不苟的工作作风和对科学数据的严谨态度。理论与实践结合，深化理解理论知识与实践操作相结合的重要性，养成知行合一的实践观。合作与分享，在团队实验中，促进相互学习和帮助，培养良好的合作精神和社会责任感，学会分享实验心得和成果。培养学生一丝不苟、精益求精的“工匠精神”，提高发现问题、研究问题、解决问题的能力，培养学生求真务实的精神</td></tr>
<tr><td>教学重点</td><td>欧姆定律、基尔霍夫定律的应用</td></tr>
<tr><td>教学难点</td><td>分析电流规律及支路、节点、回路的区分</td></tr>
<tr><td>教学方法</td><td>讲授法、情景教学法、项目教学法</td></tr>
<tr><td>学习方法</td><td>实验法、自主学习法、探究学习法</td></tr>
<tr><td>项目导读</td><td>欧姆定律是描述电流、电压和电阻之间关系的基本定律，该定律由德国物理学家乔治·西蒙·欧姆（Georg Simon Ohm）在 1827 年提出，并以其名字命名。欧姆定律可以计算电路中的电流、电压或电阻，可以帮助解决电路中的各种问题，也可以通过控制电阻来调整电路中的电流和电压。无论在电子设备电路设计和故障排除中，还是在家庭电路和工业控制电路中，欧姆定律都起着重要的作用。
某些电路呈现出网络形状，并且网络中还存在一些由 3 条或 3 条以上支路形成的交点（节点），这种复杂电路问题的分析使用欧姆定律不能完全解决，需要将电路分成若干个回路进行分析，此时需要使用基尔霍夫定律，如图 5-1 所示。
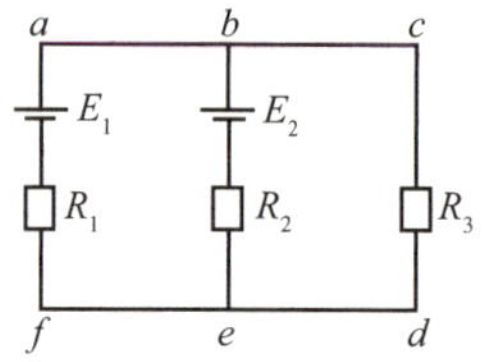

图 5-1　网状结构图</td></tr>
</table>

续表

项目名称	常用的电路分析定律
项目任务	任务一　欧姆定律
	任务二　基尔霍夫第一定律
	任务三　基尔霍夫第二定律

任务一　欧姆定律

【任务要求】

（1）能够根据电路图正确使用实训设备搭建电路。

（2）正确操作实训过程，准确记录实验数据。

（3）根据实验数据进行计算，得出结论。

【实训设备】

电池、滑动变阻器、电阻、开关、直流电压表、直流电流表、导线。

【任务内容】

1. 情景导入

周末，王刚和爸爸、妈妈开车去公园游玩，爸爸在发动车子时发现油量表没有转动，显示不了油量，但是前一天爸爸才把油加满的，所以决定去修理厂先做车辆维修。爸爸把车开到维修厂，经修车师傅检测，是油量表坏了。王刚很好奇，就一直跟着修车师傅察看情况并询问原因。修车师傅拆开油量表检查，发现和表头串联的电阻已经烧坏，所以不能正常显示油量。在王刚的追问下，修车师傅找来油量表的电路原理图（如图 5-2 所示），并解释道："这个就需要用欧姆定律来解答，知道电路的电压和电流，通过 $R=U/I$ 就可以计算出电阻值。油箱里有一个浮标，当油位升高时浮标上移，带动杠杆右边滑动变阻器 R 的滑臂下移，电路电阻变小，电路中的 R' 获得的电压变大，油量表获得的电流也增大，油量表指针偏转角度加大，代表油箱油量增加，同理，当油箱油位下降时，油量表偏转角度减小，代表油箱油量减少。"下面用实验项目来模拟油量表工作原理，通过测量电路的电压、电流，最后运用欧姆定律计算出电阻值。

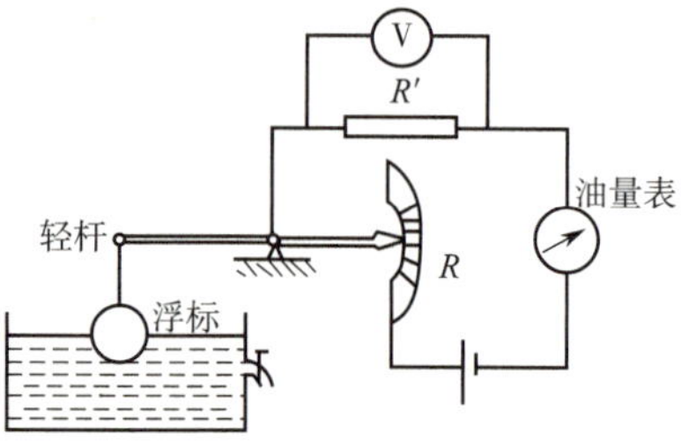

图 5-2 车辆油量表的工作原理图

2. 任务原理

如图 5-3 所示，包含一个 3 V 的电池盒、一个开关、一只 20 Ω 滑动变阻器、一个 20 Ω 电阻的串联电路 。合上开关，可以读出被测电阻两端的电压值和流过电阻的电流值，通过改变滑动变阻器阻值，改变被测电阻两端的电压，同时流过电阻的电流也发生改变。（注：实验中因为电流、电压变化量很小，指针式表头不能准确读数，改用数字式万用表来测量。）

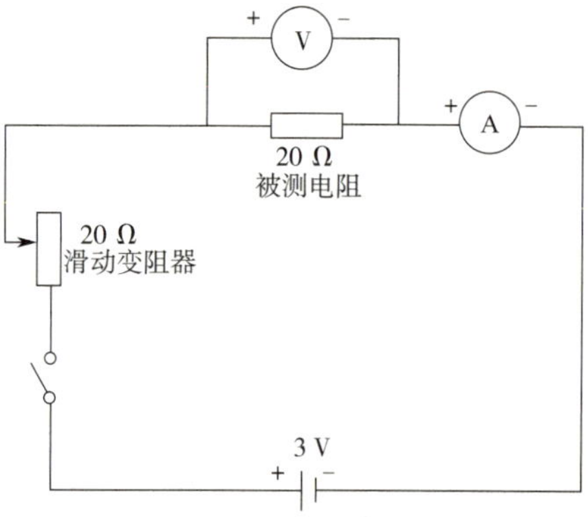

图 5-3 欧姆定律实验

3. 实训步骤

按照电路图（如图 5-4）正确使用实训设备搭建电路。

第一步：检查所用设备是否正常、绝缘是否完好，开关必须处在断开状态，注意操作中不要发生电池短路。先用导线连接电池正极到开关，开关的另一端连接到滑动变阻器的进线端（定臂端）。

第二步：将滑动变阻器出线端（动臂端），连接到阻值为 20 Ω 的被测电阻进线端。

第三步：把电压表并联在被测电阻两端，注意电压表的“+”端（或万用表红色表笔）接到 20 Ω 电阻的进线端，电压表的“−”端（或万用表黑色表笔）连接到电阻的出线端。

第四步：电阻出线端连接到电流表的“+”（或万用表红色表笔），最后把电流表的负极（或万用表黑色表笔）连接到电池的负端，整个电路就连接完成了。

第五步：确认连接无误，用数字万用表测电压或测电流必须调到相应的挡位。这样才可以合上开关接通电路，按照实验要求来测量数据。

第六步：改变滑动变阻器动臂的位置，记录至少五次被测电阻两端电压和线路电流的变化情况。

第七步：实验完成后，断开开关，拆除线路，实验设备收纳整齐摆放。

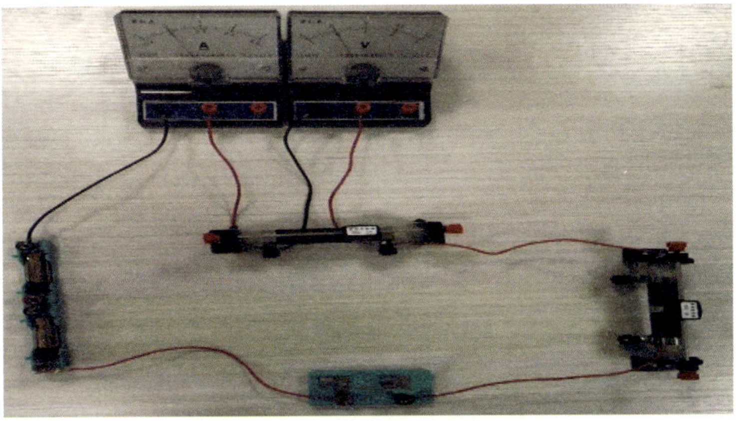

图 5-4　欧姆定律实验实物连接

4. 实验数据

图 5-5 显示了改变五次滑动变阻器动臂位置，测得的五组电压、电流数据。

电压 U（V）	电流 I（A）
2.75	0.13
2.32	0.11
2.12	0.1
1.86	0.084
1.6	0.08

图 5-5　五次滑动变阻器动臂位置实验数据图

通过图 5-5 实验数据的情况可以直观看出：通过电阻的电流和电压成正比。根据正比例函数表达式 $y=kx$（k 是常数，$k\neq0$），我们可以得出电压、电流和电阻的关系：$U=RI$。

通过 $U=RI$，我们还可以进行公式变形，得出：$I=\frac{U}{R}$，会发现：电路中的电流和电阻成反比。

我们可以通过刚才实验得出的数据进行验证，看看我们的猜想对不对：

$$2.75(\text{V})\approx20(\Omega)\times0.13(\text{A})$$

$$2.32(\text{V})\approx20(\Omega)\times0.11(\text{A})$$

我们可以看出，实验的结果只是约等于，而不是完全等于，因为我们的实验不是在绝对环境中进行的，我们使用的电阻的阻值和环境的温度、湿度等都有关系，而且随着时间的推移，滑动变阻器不断老化，滑片的接触紧密度、滑动变阻器上面的杂物等，也会影响我们实验中的电阻的阻值，另外，我们读取实验数据的时候也会存在误差。

综上，我们可以得出结论：在同一电路中，通过某一导体的电流跟这段导体两端的电压成正比，跟这段导体的电阻成反比，即为欧姆定律。

【任务小结】

（1）实验中测量得到图 5-5 中五组电压、电流数据，通过计算全部符合欧姆定律 $R=U/I$，电压和电流成正比。假设我们事先不知道电阻 R 的大小，可以用电路中的电压 U 和电流 I，通过 $R=U/I$ 计算得出电阻 R 的值。

（2）利用欧姆定律来计算电路中的电流、电压或电阻。I、U、R 三个物理量中，只要知道其中任意两个，就可以计算出第三个物理量。

（3）通过欧姆定律实验，可以更好地理解电流、电压和电阻之间的关系，增强实训操作能力和数据分析能力。

（4）欧姆定律提出后，经历了多种形式的检验，历时十多年的激烈讨论，欧姆本人虽然未参与讨论但从未认输，最终获得胜利。资料和仪器的匮乏给他的研究工作带来不小的困难，但他在孤独与困难的环境中始终坚持不懈地进行科学研究。我们要学习和弘扬他胸怀祖国、服务人民的爱国精神，勇攀高峰、敢为人先的创新精神，追求真理、严谨治学的求实精神，淡泊名利、潜心研究的奉献精神，集智攻关、团结协作的协同精神，甘为人梯、奖掖后学的育人精神。

任务二　基尔霍夫第一定律

【任务要求】

（1）能够根据电路图搭建电路。

（2）找出图中的支路、回路、节点和网孔。

（3）用电流表测出各支路电流，并找出它们之间的关系。

【实训设备】

设备清单如表 5-1 所示。

表 5-1　设备清单表

名称	推荐仪器参数	数量
电源	5 号电池	2 个
小灯泡	2.5 V、0.3 A	2 个
开关	单刀单掷	1 个
电流表	直流 0.6 A	3 块
导线	细	若干

【任务内容】

1. 情景导入

有一天,王刚发现家里的电路出故障了,便用低压验电器进行故障检测和排除。他发现在家庭电路中,多个电器连接在一个节点上,例如,一个插座上同时连接着电视、电脑、台灯等电器,流入插座的电流是否等于这些电器各自流出的电流之和? 这引起了王刚的思考。

2. 任务原理

图 5-6 中两个灯泡并联在一起,主电路和各支路中分别串联一个电流表,可以清楚地知道主电路和各支路的电流。接下来我们通过实验的方式得出基尔霍夫第一定律,也叫“基尔霍夫电流定律”。

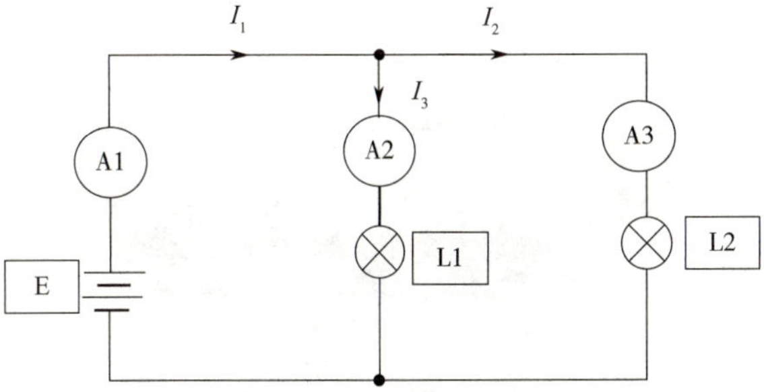

图 5-6　任务原理图

首先我们来认识以下几个概念。

(1)支路:电路中的各个分支称为支路(即由一个或几个元件首尾相接构成的无分支电路)。

(2)节点:三条或三条以上支路的连接点称为节点。

(3)回路:电路中的任意一个闭合路径。

(4)网孔:内部不含支路的回路。

想一想

回路和网孔有何区别?

根据概念同学们分别指出图 5-7 的支路、节点、回路、网孔。

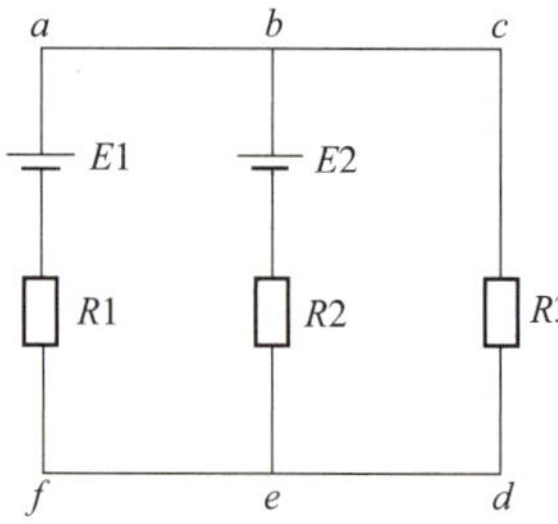

图 5-7　并联电路

3. 实训步骤

(1)根据图 5-6 电路图进行实物图接线。

第一步:电源的连接, 2 节电池分别放进电池盒里面,然后第一节电池的正极和第二节电池的负极相连。

第二步:两个灯泡如图 5-8 所示并联在电路里。

第三步:连接刀开关时一定要把刀开关在拉开的状态下连接。

第四步:电流表分别和两个灯泡串联在一起。

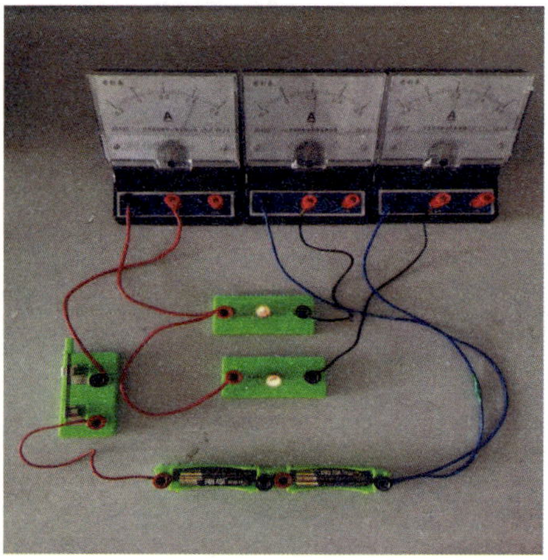

图 5-8　实物图

(2)检查无误后,给电源通入直流电。

(3)分别读取电流表数值,并将数据填入表 5-2。

表 5-2　测得数值

项目	I_1/A	I_2/A	I_3/A
各电流表读数值	0.415	0.215	0.2

【任务小结】

从实验数据中我们可以看出：$I_1=I_2+I_3$。

（1）基尔霍夫第一定律是关于电路中各支路电流之间关系的定律，所以也称为电流定律，简称"方程"。

基尔霍夫第一定律内容为：在任意瞬间，流入任一节点的电流总和等于从这个节点流出的电流总和。

数学表达式为：$\Sigma I_{入}=\Sigma I_{出}$。

（2）如果规定流入节点的电流为正，流出节点的电流为负，则基尔霍夫电流定律也可以叙述为：对于电路中任意一个节点，电流的代数和恒等于零，即：$\Sigma I=0$。

任务三　基尔霍夫第二定律

【任务要求】

（1）能够根据电路图搭建电路。

（2）用电压表测出各支路电压，并找出它们之间的关系。

（3）能够根据实验数据验证基尔霍夫第二定律。

【实训设备】

设备清单如表 5-3 所示。

表 5-3　设备清单

名称	推荐仪器参数	数量
电源	5 号电池	4 个
小灯泡	2.5 V、0.3 A	3 个
开关	单刀单掷	1 个
电压表	直流 3 V/15 V	5 块
导线	细	若干

【任务内容】

1. 情景导入

王刚学会了基尔霍夫第一定律,明白了在任意瞬间,流入任一节点的电流总和等于从这个节点流出的电流总和。那么在普通的电路回路,例如电源、开关、灯具以及连接线路构成的回路,电源提供的电压是否等于开关接触电阻上的电压降、线路电阻上的电压降以及灯具工作时的端电压呢?在中学时期,他学过能量守恒定律。那么电压的分配和消耗是否也遵循一定的规律呢?

2. 任务原理

图 5-9 中两个电源串联在一起,三个灯泡串联在电路中,5 个电压表分别和电源、灯泡并联在一起。

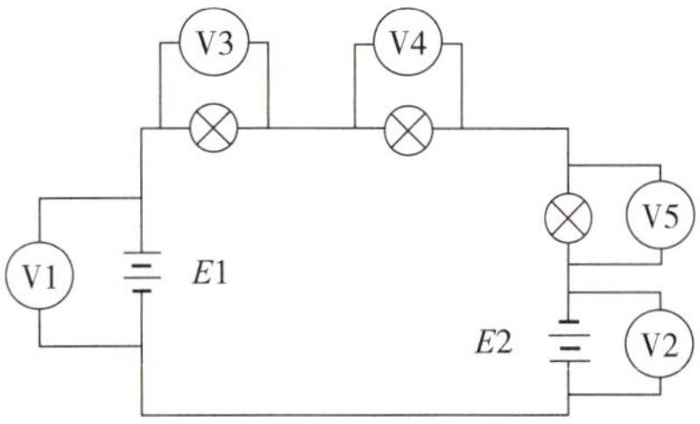

图 5-9　串联电路

3. 实训步骤

(1)电源的连接,3 节电池分别放进电池盒里面,然后第一节电池的正极和第二节电池的负极相连,第二节电池的正极和第三节电池的负极相连。

(2)三个灯泡如图 5-10 所示串联在电路里。

(3)连接刀开关时一定要把刀开关在拉开的状态下连接。

(4)电压表分别和三个灯泡、两个电源并联在一起。

(5)检查无误后,给电路通入直流电,接线图如图 5-10 所示。

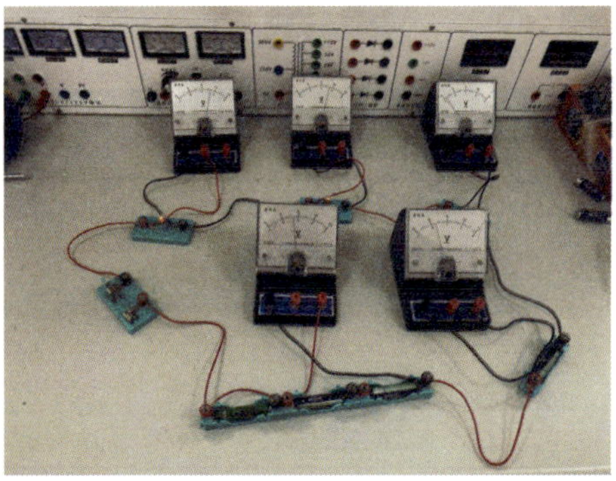

图 5-10　实物图

（6）分别读取电压表数值，并填写表 5-4。

表 5-4　测得数值

项目	$V1$/V	$V2$/V	$V3$/V	$V4$/V	$V5$/V
各电压表读数值	3.85	1.7	1.7	−0.8	1.25

【任务小结】

从实验数据中，我们可以看出：$V1=V2+V3+V4+V5$。

（1）基尔霍夫第二定律是关于电路中各元件电压之间关系的定律，所以也被称为电压定律，简称“方程”。

基尔霍夫第二定律内容为：在任意瞬间，沿电路中任一回路，各段电压的代数和恒为零。

数学表达式为：$\Sigma V=0$。

（2）基尔霍夫第二定律不仅可以用于闭合电路，而且还可以用于不闭合的电路，这便是第二定律的推广定律，其内容为：电路中某两点 a、b 之间的电压等于从 a 点到 b 点所经路径上全部电压的代数和。

项目六

电烙铁的使用

项目名称	电烙铁的使用
教学目标	知识目标 掌握五步焊接法，能够正确使用电烙铁。 技能目标 通过电烙铁焊接串联电路实验、并联电路实验以及混联电路实验，让同学们掌握读图和识图的能力，能够根据电路图在焊接板上搭建串联电路、并联电路以及混联电路。能熟练地在焊接板上焊接元件以及焊接线。 情感目标 通过学习电烙铁，增长学生的知识，激发同学们对学习电子技术的兴趣。 思政目标 学习电烙铁的使用，从各项教学任务推进，从能够将焊接部件焊接牢固，能通电成功，到焊接点圆润、光滑，符合生产标准，培养学生标准化意识，不断追求精益求精的工匠精神和完美品质
教学重点	根据提供的电路图在焊接板上搭建串联电路、并联电路以及混联电路
教学难点	使用电烙铁进行焊接实验时注意不要损坏焊盘，电烙铁焊接时不能在焊盘上停留太长时间
教学方法	讲授法、情景教学法、项目教学法
学习方法	实验法、自主学习法、探究学习法
项目导读	在基本定律模块学习中，同学们学习了欧姆定律实验以及基尔霍夫定律实验，熟练了串联电路的识图以及搭建。本项目使用电烙铁在焊接板上搭架串联电路、并联电路以及混联电路，不仅要学习焊接技能，还要进一步学习并联电路以及混联电路的分析和识读。在使用电烙铁的过程中要特别注意，焊接的过程中严格遵守电烙铁的五步焊接法，为了保证同学们的人身安全，本部分学习需要循序渐进逐步推进
项目任务	任务一　五步焊接法
	任务二　串联电路焊接
	任务三　并联电路焊接
	任务四　混联电路焊接

任务一　五步焊接法

【任务要求】

(1)能够根据电路图在焊接板上搭建串联电路。

(2)掌握剥线钳的使用方法。

(3)掌握五步焊接法。

【实训设备】

电阻、电烙铁、电烙铁托盘、排线、焊料、焊接板、助焊剂、尖嘴钳、剥线钳。

【任务内容】

1. 情景导入

王刚的爸爸即将过生日,王刚想要做一个收音机送给爸爸,就把想法告诉老师,老师很赞同他的想法,就让他到网上购买组装收音机的零部件,并让王刚学习锡焊。为了让王刚深入了解锡焊,老师把他带到电子工艺实训室。王刚发现电子工艺实训室中有各式各样的电烙铁以及焊锡膏、焊锡丝等焊接辅助工具,这些电烙铁怎样使用引起了王刚的好奇心。在老师的引导下,他上网搜索了好多的资料,发现无论任何形式的电烙铁在使用的过程中都要遵循五步焊接法。

2. 任务原理

五步焊接法:第一步,准备施焊;第二步,加热焊件;第三步,熔化焊料;第四步,移开焊锡;第五步,移开烙铁。

3. 实训步骤

1)电子元器件的焊接步骤

要在焊接板上搭建电路,先要学会电烙铁的使用。电烙铁焊接电子元器件要采用五步焊接法进行操作。以往的教学中发生过烧破衣服以及烫伤学生的事件,所以学生一定要按照老师的要求进行实验,一定要注意实验安全。

第一步,准备施焊。检查电源设备能否正常工作,是否有安全隐患电阻,电烙铁插上电源,电烙铁手柄是否发烫,实验台是否干净、整洁,是否有易燃易爆的电子材料,一旦发现异常请联系任课老师。焊前准备的工具和材料为电阻、电烙铁、电烙铁托盘、焊料、焊接板、助焊剂、尖嘴钳。电烙铁由烙铁头、烙铁芯、外壳、木柄、电源引线、插头等部分组成,如图 6-1

所示。

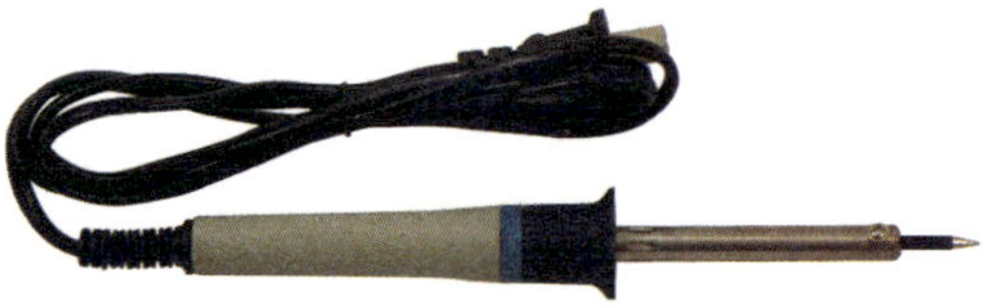

图 6-1　电烙铁的结构

电烙铁在焊接前要放置到电烙铁托盘上，正确的放置方法如图 6-2 所示。

图 6-2　电烙铁的放置方法

第二步，加热焊件。加热焊件前，需要使用焊锡丝试热，看电烙铁能否加热烙铁头，如果焊锡丝正常熔化，证明这个电烙铁可以正常加热焊件。同学们注意，千万不能用手触摸烙铁头试热，以免发生安全事故。然后把电阻的两个引脚分别插到焊接板上，电阻的一个引脚在焊接板上折弯以起到固定电阻的作用，然后使用电烙铁对另外一个引脚进行加热，如图 6-3 所示。

图 6-3　电烙铁加热电阻引脚

将电烙铁接触焊接点和焊件，首先要保持电烙铁加热焊件各部分都受热，其次让电烙铁头的扁平部分接触热容量较大的焊件，电烙铁头的侧面或边缘部分接触热容量较小的焊件，以保证焊件均匀受热。使用电烙铁焊接时，不要损坏元件以及焊接板焊盘。

第三步，熔化焊料。焊料可以将元器件固定在电路板上，焊料通常为锡铅合金，焊锡丝就是由这种合金制成的，如图 6-4 所示。

图 6-4　焊锡丝

锡铅合金具有熔点低、强度高、不易氧化、导电性好及焊点美观等优点，但是焊料中的金属铅对环境的危害很大，所以现在已经逐步被无铅焊料代替。当焊件加热到一定的温度时，将焊料置于焊点，并用电烙铁熔化焊料，焊料开始熔化并完全润湿焊点，如图 6-5 所示。

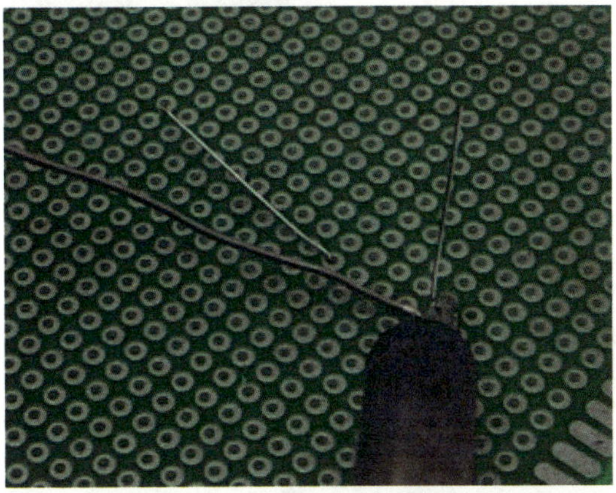

图 6-5　在电阻引脚上熔化焊料

第四步，移开焊锡。熔化一定量的焊料后，应立即将焊料移开，保证焊点不出现堆焊现象，以便获得较好的焊点。

第五步，移开烙铁。当焊锡丝完全润湿焊点后就要迅速移开电烙铁，移开电烙铁的方向以 45° 最为适宜。移开烙铁后，如果发现烙铁头上有大量残留焊锡，可以用助焊剂进行清洗。助焊剂通常是以松香为主要成分的混合物，如图 6-6 所示。在焊接时，助焊剂不仅可以清洗烙铁头，还可以增加焊料的流动性，去除焊料表面的氧化层。

图 6-6　助焊剂

当焊接好一个焊点后，使用五步焊接法焊接另外一点。最后使用尖嘴钳剪去多余的引脚。这样电烙铁焊接电阻就完成了。焊接好的电阻焊点如图 6-7 所示。

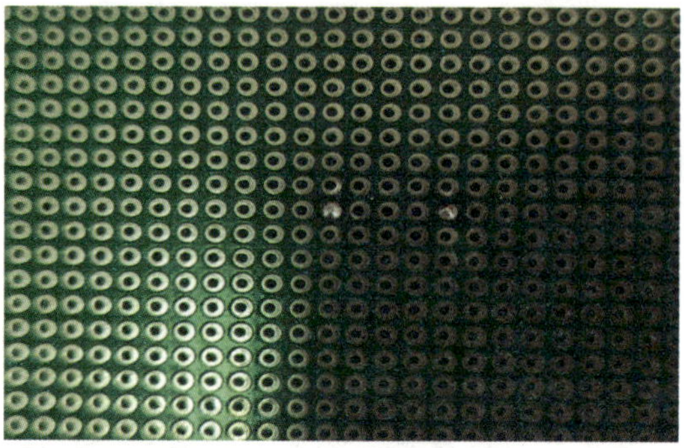

图 6-7　电阻焊点

焊接好的电阻元件如图 6-8 所示。

图 6-8　焊接好的电阻元件

为了检验焊接的稳固性，用手轻轻触碰电阻元件，焊点不松动证明电阻元件焊接牢固，达到生产要求。

电子元器件焊接完成后，关闭电源，电烙铁冷却 5 分钟以后，将电烙铁、工具和电子材料放到相应位置，将实验台打扫干净，离开实验室。

2）排线的焊接步骤

现在使用五步焊接法焊接排线。

第一步，准备施焊。检查电源设备能否正常工作，是否有安全隐患电阻，电烙铁插上电源，电烙铁手柄是否发烫，实验台是否干净、整洁，是否有易燃易爆的电子材料，一旦发现异常请联系任课老师。焊接前准备的工具有电烙铁、电烙铁托盘、排线、焊料、焊接板、助焊剂、尖嘴钳、剥线钳等。

第二步，加热焊件，如图 6-9 所示。

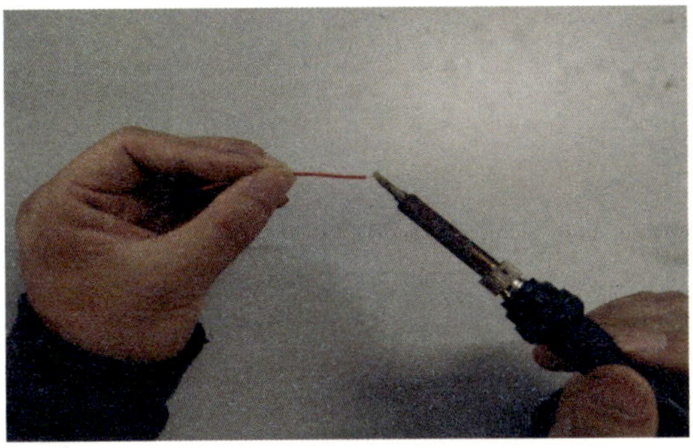

图 6-9　电烙铁加热排线

加热焊件前，需要使用焊锡丝试热，看电烙铁能否加热烙铁头，如果焊锡丝正常熔化，证明这个电烙铁可以正常加热焊件。注意，千万不能用手触摸烙铁头试热，以免发生安全事故。在对导线进行加热前，需要使用剥线钳对导线进行剥开处理，然后将导线焊接到电阻的焊点上。由于导线比较细，可以使用剥线钳的 0.8 口稳稳地夹住排线，剥线钳和排线的夹角约为 30°，如图 6-10 所示。

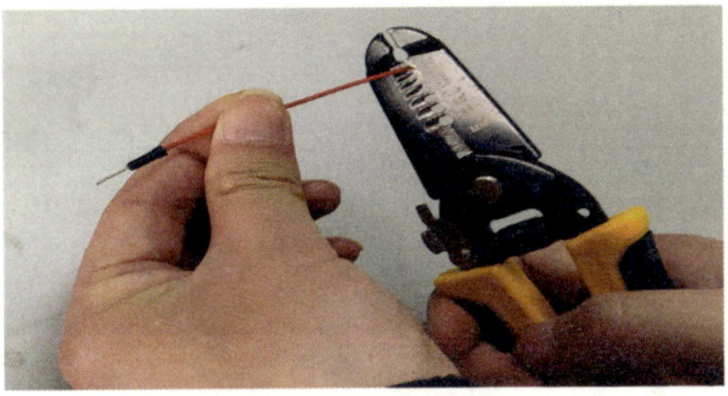

图 6-10　剥线钳的使用

稳稳夹住排线轻轻向右用力即可剥开线头，如图 6-11 所示。

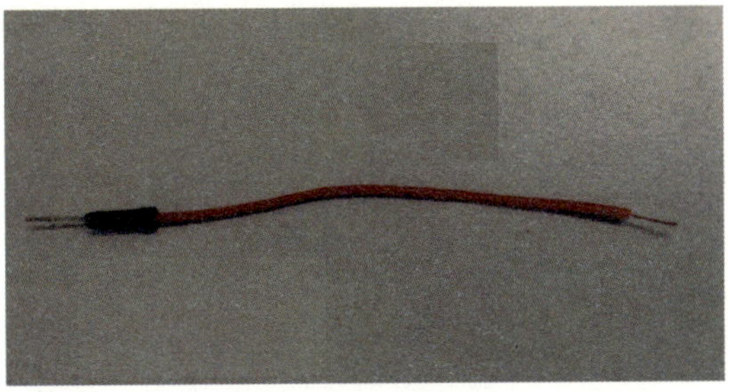

图 6-11　拨开的线头

第三步，熔化焊料。把排线的剥开端放到电阻的一个焊点上，然后把焊料熔化到焊点上，如图 6-12 所示。

图 6-12　在排线上熔化焊料

第四步，移开焊锡。

第五步，移开烙铁。

焊接完成后，关闭电源，电烙铁冷却 5 分钟以后，将工具和电子材料放到相应位置，将实验台打扫干净，离开实验室。

排线焊接到电阻的一端，如图 6-13 所示。

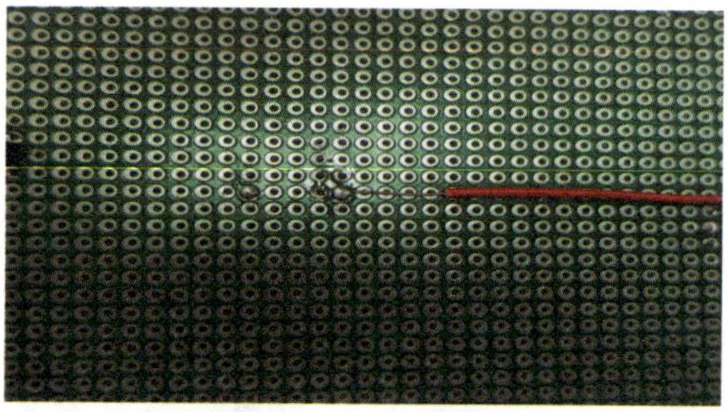

图 6-13　排线焊接

为了检验焊接的稳固性，需要把排线提起来，看能否把焊接板提起来。如果排线能够成功提起焊接板，证明排线焊接稳固，符合实际生产要求，如图 6-14 所示。

图 6-14　排线的稳固性

【任务小结】

（1）手工焊接，一般采用五步焊接法：第一步，准备施焊；第二步，加热焊件；第三步，熔化焊料；第四步，移开焊锡；第五步，移开烙铁。

（2）电烙铁焊接时，要使焊件均匀受热，不能损坏元件以及焊接板。

（3）熔化焊料时，要检查焊锡是否干燥、焊锡是否均匀无裂痕，要注意受热的均匀，烙铁头加热不能过高，不能接触冷水，防止出现爆锡现象（锡焊时出现炸锡）伤害到自己或者身边的人员。

（4）焊接结束后，还需要将电烙铁放置在烙铁架上，不能随意摆放，更不能把烙铁头放在实验台上或者是易燃物上，防止出现安全事故。

任务二　串联电路焊接

【任务要求】

（1）理解串联电路。

（2）能够根据电路图在焊接板上搭建串联电路。

（3）掌握五步焊接法。

【实训设备】

电阻、电烙铁、电烙铁托盘、排线、焊料、焊接板、助焊剂、尖嘴钳、剥线钳、发光二极管、电池盒、电池。

【任务内容】

1. 情景导入

在学会五步焊接法的第二天，王刚正准备给手机充电，发现充电器充不进去电了，他决定尝试着去修好它。于是，在得到老师的指导后，他用万用表等工具，对充电器内部电路进行检测。在对损坏的电子元器件进行更换后，充电器又可以工作了。王刚内心充满了成就感，看着密密麻麻的电路图，他又细细地进行研究和分析，他想无论多么复杂的电路都是由串联、并联以及混联组成的，那么要想修好电子产品，先要学会的就是焊接串联电路，以便深入理解电子产品内部结构。

2. 任务原理

在焊接板上搭建如图 6-15 所示串联电路，由一个 3 V 的电池盒、一个电阻和一个发光二极管组成一个简单的串联电路。当 3 V 的电池盒开关拨到 ON 位置时，电路正常工作，LED1 发光二极管亮。

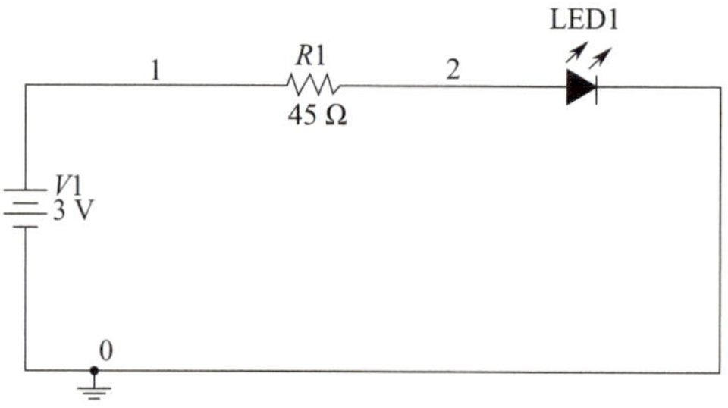

图 6-15　串联电路

3. 实训步骤

第一步，准备施焊。检查电源设备能否正常工作，是否有安全隐患电阻，电烙铁插上电源，电烙铁手柄是否发烫，实验台是否干净、整洁，是否有易燃易爆的电子材料，一旦发现异常请联系任课老师。焊前准备的工具有电阻、电烙铁、电烙铁托盘、排线、焊料、焊接板、助焊剂、尖嘴钳、剥线钳、发光二极管、电池盒、电池。

第二步，加热焊件。把电阻和发光二极管插入焊接板内，电阻和发光二极管的一个引脚折弯，固定好元件，然后加热另外一个引脚，如图 6-16 所示。依次对电阻、发光二极管、电池盒正负极排线进行加热。

图 6-16　电烙铁加热电阻引脚

第三步，熔化焊料。把焊料在插有电子元器件的焊盘上进行熔化，如图 6-17 所示。依次焊接电阻、发光二极管、电池盒正负极排线。

图 6-17　电烙铁在电阻引脚上熔化焊料

第四步，移开焊锡。

第五步，移开烙铁。电阻、发光二极管、电池盒正负极排线均焊接完成后，移开烙铁，剪断电阻、发光二极管的引脚。焊接成功的电路如图 6-18 所示。

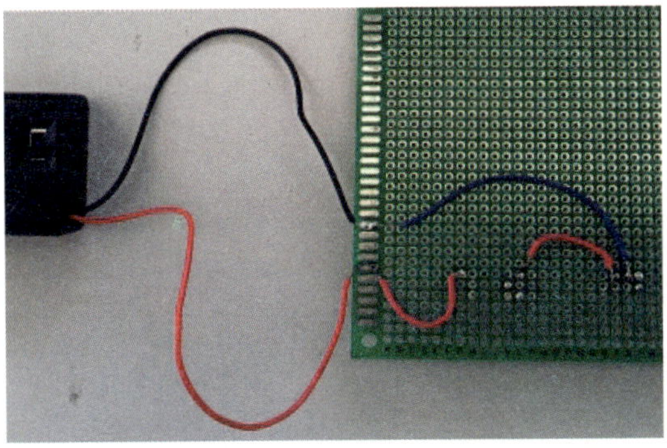

图 6-18　焊接成功的串联电路

焊接完成后，关闭电源，电烙铁冷却 5 分钟以后，将工具和电子材料放到相应位置，清理实验台及地面，离开实验室。

4. 实训现象

开关闭合后，如果发光二极管被点亮，证明焊接串联电路实验成功，如图 6-19 所示。

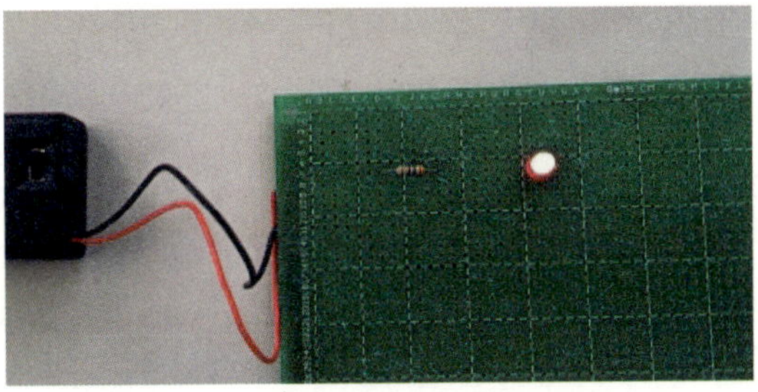

图 6-19　被点亮的发光二极管

【任务小结】

(1)焊接电路的过程中要严格按照电子元器件的焊接步骤和排线的焊接步骤进行，严格遵守五步焊接法，不要省略步骤。

(2)焊接前要认真识读电气原理图，按照电气原理图正确选择电子元器件并进行摆放。

(3)电烙铁焊接元件时，元件与焊接板之间不能有空隙，焊盘要光滑、圆润，不能堆积焊料。

任务三 并联电路焊接

【任务要求】

（1）理解并联电路。

（2）能够根据电路图在焊接板上焊接并联电路。

（3）掌握五步焊接法。

【实训设备】

电阻、电烙铁、开关、电烙铁托盘、排线、焊料、焊接板、助焊剂、尖嘴钳、剥线钳、发光二极管、电池盒、电池。

【任务内容】

1. 情景导入

王刚在电烙铁焊接串联电路实验中，学习了五步焊接法以及在焊接板上焊接串联电路。王刚想继续使用五步焊接法，焊接更复杂的电路——并联电路并实现相应的电路功能。他想，在组装送给爸爸的生日礼物——收音机的过程中，并联电路是最常见的。那么，焊接并联电路，需要注意哪些问题？又该怎样操作才能焊接成功呢？于是他画出了并联电路的项目原理图，并马上开始实践。

2. 任务原理

在焊接板上搭建图 6-20 所示并联电路，包含一个 3 V 的电池盒、一个电阻、一个开关和两个发光二极管。发光二极管 LED1 和 LED2 并联，当 3 V 的电池盒开关拨到 ON 位置，电路正常工作，LED1 和 LED2 亮。

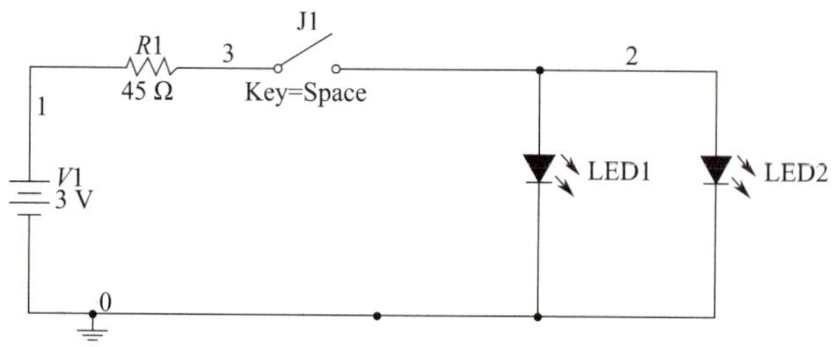

图 6-20 并联电路

3. 实训步骤

第一步，准备施焊。检查电源设备能否正常工作，是否有安全隐患电阻，电烙铁插上电源，电烙铁手柄是否发烫，实验台是否干净、整洁，是否有易燃易爆的电子材料，一旦发现异常请联系任课老师。焊接前准备的工具有电阻、电烙铁、开关、电烙铁托盘、排线、焊料、焊接板、助焊剂、尖嘴钳、剥线钳、发光二极管、电池盒、电池等。

第二步，加热焊件。把电阻、两个发光二极管、一个 8 脚开关插入焊接板内，电阻、发光二极管的一个引脚折弯，固定好元件，然后加热另一个引脚，如图 6-21 所示。依次对电阻、8 脚开关、发光二极管、电池盒正负极排线进行加热。

图 6-21　电烙铁加热电阻引脚

第三步，熔化焊料。把焊料在插有电子元器件的焊盘上进行熔化，如图 6-22 所示。依次焊接电阻、8 脚开关、发光二极管、电池盒正负极排线。

图 6-22　在电阻引脚上使用电烙铁熔化焊料

第四步，移开焊锡。

第五步，移开烙铁。电阻、8 脚开关、发光二极管、电池盒正负极排线均焊接完成后，移开烙铁，剪断电阻、发光二极管的引脚。焊接成功的电路如图 6-23 所示。

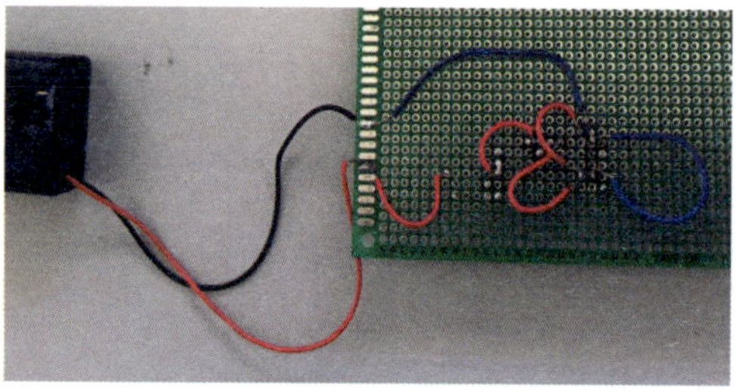

图 6-23　焊接成功的并联电路

焊接完成后，关闭电源，电烙铁冷却 5 分钟以后，将电烙铁、工具和电子材料放到相应位置，打扫干净实验台，离开实验室。

4. 实训现象

开关闭合后，如果两个发光二极管被点亮，证明焊接并联电路实验成功，如图 6-24 所示。

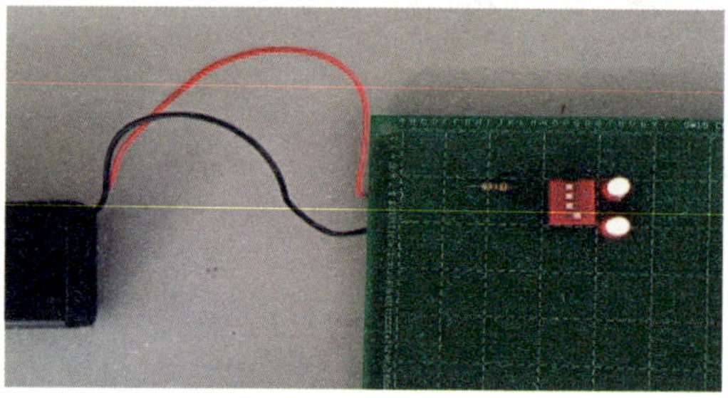

图 6-24　被点亮的两个发光二极管

【任务小结】

（1）焊接电路的过程中注意串联和并联的区别。

（2）焊接电路要先焊接电阻、开关、发光二极管，再焊接排线。

（3）焊接的过程中要有标准化意识，焊接点要越来越均匀、圆润、稳固，既要讲究美观，又要讲质量，要深化精益求精的工匠精神。

任务四　混联电路焊接

【任务要求】

（1）理解混联电路。

（2）能够根据电路图在焊接板上焊接混联电路。

（3）掌握五步焊接法。

【实训设备】

电阻、电烙铁、开关、电烙铁托盘、排线、焊料、焊接板、助焊剂、尖嘴钳、剥线钳、发光二极管、电池盒、电池。

【任务内容】

1. 情景导入

王刚在电烙铁焊接并联电路实验中，进一步熟悉了电子元器件的焊接步骤以及排线的焊接步骤。为了组装好送给爸爸的生日礼物，王刚在焊接串联、并联电路的基础之上进行混联电路焊接。他深信：只要混联电路能够焊接成功，那么掌握焊接技能应该不成问题，这对于学习电工电子技术将起到举足轻重的作用。于是，他在老师的指导下，画出了混联电路的项目原理图，准备好材料就开始实验了。

2. 任务原理

在焊接板上搭建如图 6-25 所示混联电路，包含一个 3 V 的电池盒，三个电阻，一个开关和两个发光二极管。发光二极管 LED1 和 *R*2 串联，发光二极管 LED2 和 *R*3 串联，*R*2 和 *R*3 并联，LED1 和 LED2 并联。当 3 V 的电池盒开关拨到 ON 位置时，电路正常工作，LED1 和 LED2 亮。

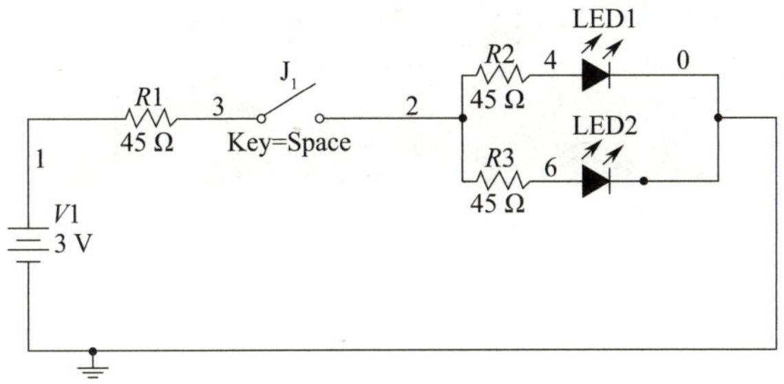

图 6-25　混联电路

3. 实训步骤

第一步，准备施焊。检查电源设备能否正常工作，是否有安全隐患电阻，电烙铁插上电源，电烙铁手柄是否发烫，实验台是否干净、整洁，是否有易燃易爆的电子材料，一旦发现异常请联系任课老师。焊接前准备的工具有电阻、电烙铁、开关、电烙铁托盘、排线、焊料、焊接板、助焊剂、尖嘴钳、剥线钳、发光二极管、电池盒、电池等。

第二步，加热焊件。把三个电阻、两个发光二极管、一个 8 脚开关插入焊接板，电阻、发光二极管的一个引脚折弯，固定好元件，然后加热另外一个引脚，如图 6-26 所示。

依次对电阻、8 脚开关、发光二极管、电池盒正负极排线进行加热。

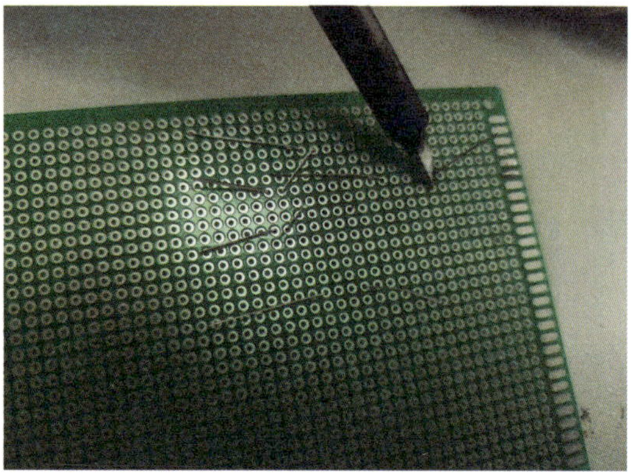

图 6-26　电烙铁加热电阻引脚

第三步，熔化焊料，把焊料在插有电子元器件的焊盘上进行熔化，如图 6-27 所示。依次焊接电阻、8 脚开关、发光二极管、电池盒正负极排线。

图 6-27　使用电烙铁在电阻引脚上熔化焊料

第四步，移开焊锡。

第五步，移开烙铁。电阻、8 脚开关、发光二极管、电池盒正负极排线均焊接完成后，移开烙铁，剪断电阻、发光二极管的引脚。焊接成功的电路如图 6-28 所示。

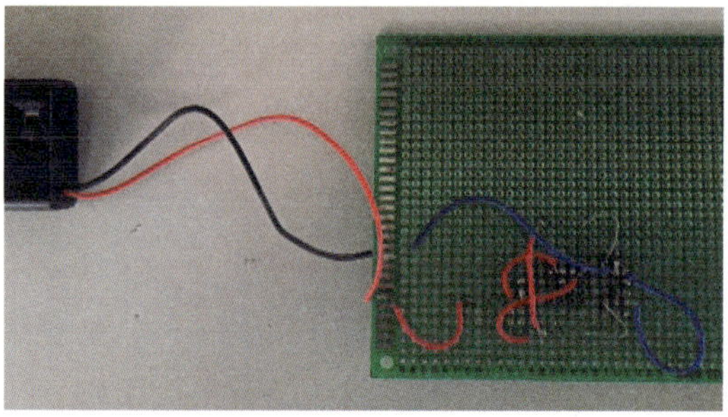

图 6-28　焊接成功的混联电路

焊接完成后，关闭电源，电烙铁冷却 5 分钟以后，将电烙铁、工具和电子材料放到相应位置，将实验台桌面打扫干净，离开实验室。

4. 实训现象

开关闭合后，如果两个发光二极管被点亮，证明焊接混联电路实验成功，如图 6-29 所示。

图 6-29　被点亮的两个发光二极管

【任务小结】

（1）焊接电路的过程中注意混联和并联的区别。

（2）焊接电路要先焊接电阻、开关、发光二极管，再焊接排线。

（3）要用产品质量标准严格要求，加强焊锡的练习，做到快、准、固，焊点要圆满、光滑、大小满足组装要求、无针孔和松香渍等。

项目七

二极管的原理及其应用

项目名称	面包板的使用
教学目标	知识目标 掌握二极管的单向导电性原理。 技能目标 通过面包板串-并联实验，让同学们了解面包板的结构，并能够使用面包板搭建串、并联电路，还能够使用面包板搭建开关电路。 情感目标 通过学习面包板的使用，加深学生对二极管的理解，激发他们的创作与学习热情。 思政目标 理论联系实际：强化理论知识与实际操作相结合的认识，通过实际电路的搭建和调试，深化对二极管工作原理的理解。安全操作规范：在实验操作中严格遵守安全规程，树立安全第一的观念，培养对自身和他人安全负责的态度
教学重点	掌握面包板的结构。 掌握二极管的单向导电性原理
教学难点	掌握面包板的结构
教学方法	讲授法、情景教学法、项目教学法、演示法
学习方法	实验法、自主学习法、探究学习法
项目导读	在前面模块的学习中，同学们学习了二极管单向导电性原理，熟练了串联电路的识图。想必大家一定跃跃欲试，想要在一个平台上搭建出属于自己的电路，“面包板”可以满足这一要求。“面包板”为什么叫面包板呢？上面密集的孔是用来插排线的，通过插线来搭建出想要的电路，它的内部遵循什么规律呢？本项目将带同学们一起在面包板上搭建串联电路，并实现相应功能
项目任务	任务一　二极管串联电路
	任务二　二极管并联电路
	任务三　二极管混联电路

任务一　二极管串联电路

【任务要求】

（1）掌握面包板的结构。

（2）能够使用面包板搭建串联电路。

（3）掌握二极管的单向导电性原理。

【实训设备】

电阻、二极管、排线、面包板、电池、电池盒。

【任务内容】

1. 情景导入

经过前期电工电子技术的学习，王刚设计出了一些电路，但碍于条件所限无法一一验证和取得技术支持。经别人介绍，可以用面包板来实验自己所设计的电路，王刚上网搜索后发现这是一个塑料板，为什么这个东西叫面包板，王刚感到很奇怪。“面包板”和“面包”有什么关系呢？在网上搜索后王刚发现，面包板还真和面包有关，在19世纪70年代真空管电路的年代，电子元器件的体积都非常大，人们会用切面包的板子当底座，钉上钉子，将导线缠绕在钉子上来连接元器件。今天我们来试一试，看看能不能做出想要的电路。

2. 任务原理

在面包板上搭建图7-1所示串联电路，包含一个3 V的电池盒，一个电阻、一个发光二极管和一根排线。当3 V的电池盒开关拨到ON位置，电路正常工作，LED1发光二极管亮。

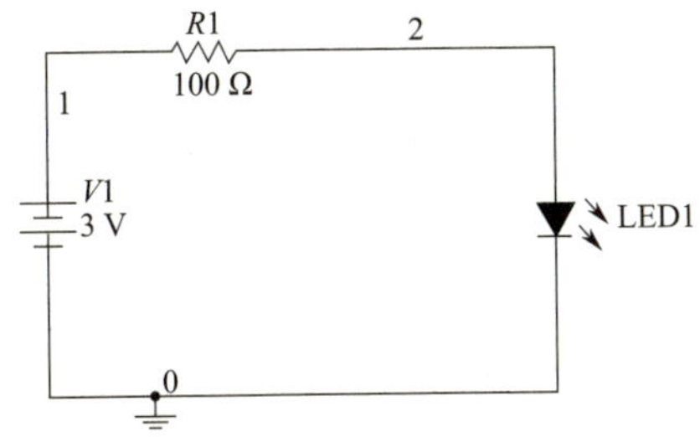

图7-1　串联电路

3. 实训步骤

1）准备实验器材

准备好所需的器材，如图 7-2 所示从左到右分别为：面包板、电池盒、电阻、二极管、排线。清点器材的同时要注意电池盒开关是否为关闭状态，电池盒内部是否有电池，面包板、二极管等一些器材是否完好，在使用时注意发光二极管要串联一个限流电阻，避免实验过程中电流过大，烧坏发光二极管。

图 7-2　准备器材

2）面包板的结构

首先来了解面包板的基本结构。面包板的外观和内部结构如图 7-3 所示，分为上、中、下三部分，上面和下面部分是由两行的插孔构成的窄条，中间部分是由中间一条隔离凹槽和上下各 5 行的插孔构成的条。

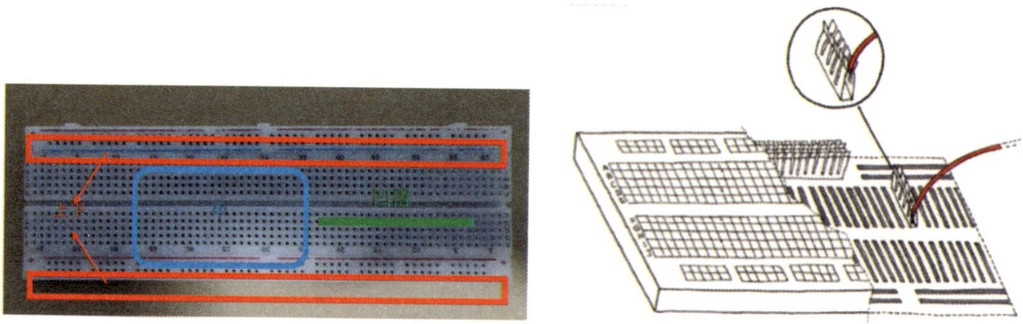

图 7-3　面包板结构

（1）先来看上下部分：外观结构如图 7-4 所示，上面和下面部分的窄条上下两行之间电气不连通，每 5 个插孔为一组（通常称为“孤岛”），面包板上有 10 组，这 10 组“孤岛”内部连通结构为：左边 5 组内部电气连通，右边 5 组内部电气连通，但左右两边之间不连通，这种结构通常称为 5-5 结构。

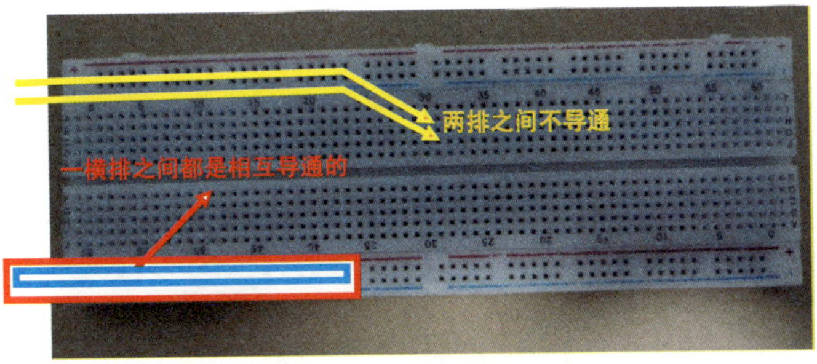

图 7-4　连通规则 1

（2）再来看中间部分：外观结构如图 7-5 所示，中间部分的宽条由中间一条隔离凹槽和上下各 5 行的插孔构成。在同一列中的 5 个插孔是互相连通的，列和列之间以及凹槽上下部分则是不连通的。

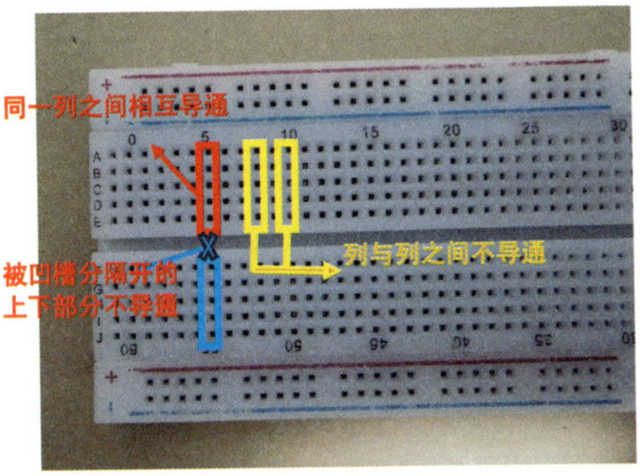

图 7-5　连通规则 2

（3）记个学习口诀："上下部分横向导通"，"中间部分竖向导通"。

3）二极管串联电路的搭建步骤

依据"上下部分横向导通"，"中间部分竖向导通"的原理，我们来搭建最基础的串联电路。

第一步，把电阻的两个管脚分别插到面包板的上部分和中间部分。假如电流从第一排第一列的位置（左上角）出发，根据"上下部分横向导通"的原理，电流会从第一列传过来，跨过电阻流到中间部分，又根据"中间部分竖向导通"的原理，以电阻所插中间部分的孔为落脚点，跨过电阻的电流可以从中间这一列上的 5 个孔中流出，如图 7-6 所示。

第二步，把发光二极管的两个管脚插到面包板的两个中间部分。发光二极管具有单向导电性，长管脚为正极，短管脚为负极；根据面包板"中间部分竖向导通"的原理，电阻所插中间部分孔的落脚点上的这一列 5 个孔都是带电的，我们把长管脚插在电阻落脚点的同一列上，跨过中间凹槽，把短管脚插在下方的中间部分；根据面包板"中间部分竖向导通"的原理，以发光二极管短管脚所插下方的中间部分孔为落脚点，流过发光二极管的电流可以从这一列上的 5 个孔中流出,如图 7-7 所示。

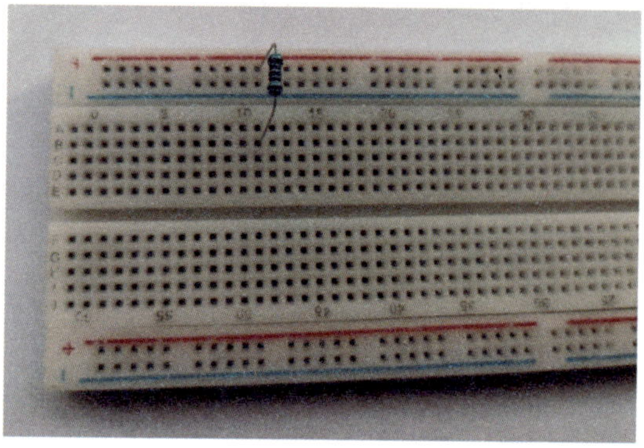

图 7-6　安装电阻

图 7-7　安装 LED

二极管是电子电路中非常常用的元器件,具有正向导通,反向截止的特性。在二极管的正极加正电压,负极加负电压,二极管导通,有电流流过二极管,反之则二极管截止,没有电流流过二极管,这就是所说的二极管的单向导通特性。下面解释二极管为什么单向导通。

二极管是由 PN 结组成的,将 P 型半导体与 N 型半导体制作在同一块半导体基片上,在它们的交界面就形成空间电荷区,称为 PN 结。PN 结具有单向导电性,是电子技术中许多器件所利用的特性,如图 7-8 所示。

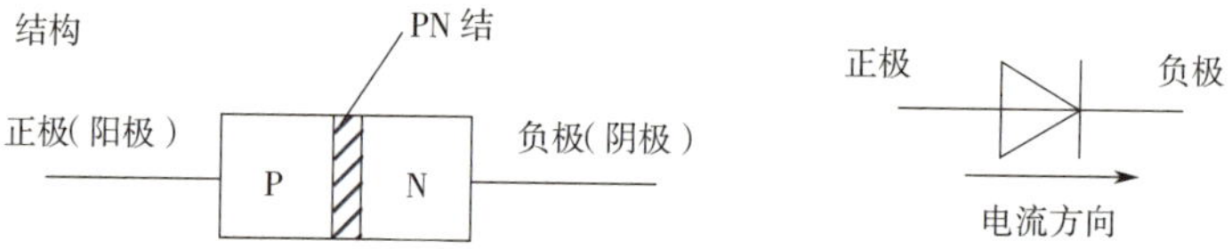

图 7-8　单向导电性

我们可以把 PN 结想象成一扇门,P 就是外面的走廊,N 就是我们的教室,在二极管的正极加正电压时就相当于从教室外面推门,二极管导通有电流流过,就像是门推开了人走进来;反之二极管的负极加正电压就相当于从教室里面推门,二极管截止没有电流流过,就像是从里面推门门推不开,人也走不出去,这就是所说的二极管的单向导通特性。

第三步,用排线连接发光二极管和面包板下面部分。根据面包板“中间部分竖向导通”的原理,发光二极管短管脚所插下方的中间部分孔的落脚点上的这一列 5 个孔都是带电的,我们把排线的一端插在发光二极管落脚点的同一列上,再把排线的另一端插在面包板的下面部分,如图 7-9 所示。

第四步,将电池盒的红色线插在与电阻同一列的上部分,黑色线插在与排线同一列的下部分,这样便形成了一个回路,如图 7-10 所示。

图 7-9　安装排线

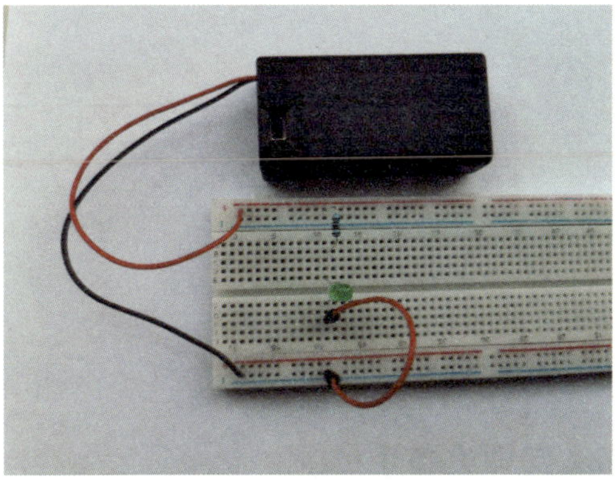

图 7-10　连上电池盒

4. 实训现象

发光二极管具有单向导电性，长管脚为正极，短管脚为负极，在二极管的正极加正电压，负极加负电压，二极管导通，有电流流过二极管；在二极管的正极加负电压，负极加正电压，二极管截止，没有电流流过二极管。当把电池盒的开关打开后，如果发光二极管被点亮，证明发光二极管导通，面包板串联电路实验成功，如图 7-11 所示；如果发光二极管不发光，则发光二极管不导通或是损坏，面包板串联电路实验失败，如图 7-12 所示。

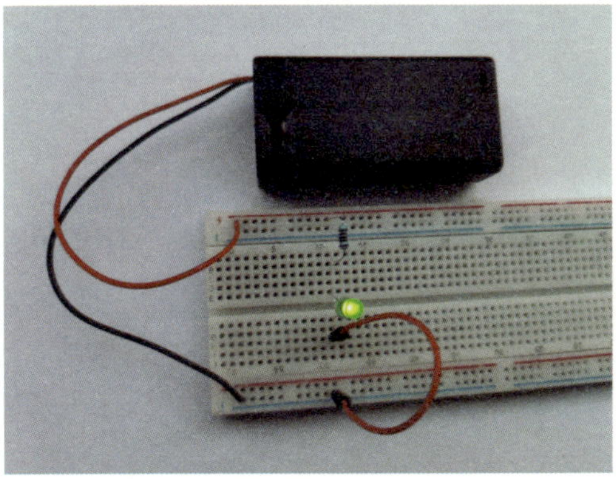

图 7-11　实验成功

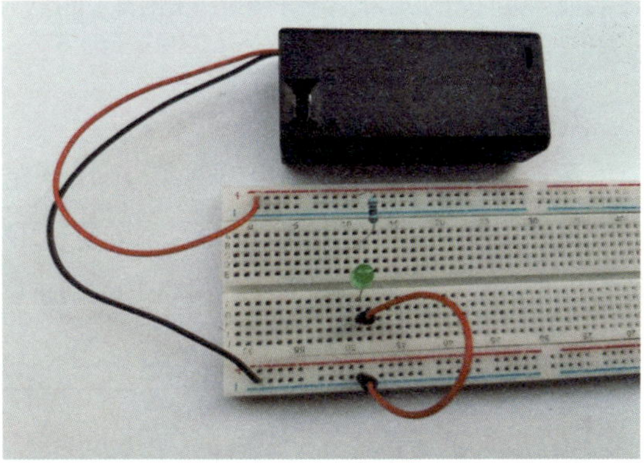

图 7-12 实验失败

【任务小结】

（1）面包板分为上、中、下三部分，上面和下面部分是由两行的插孔构成的窄条，中间部分是由中间一条隔离凹槽和上下各 5 行的插孔构成的条。

（2）面包板遵循“上下部分横向导通”，“中间部分竖向导通”的原理。

任务二　二极管并联电路

【任务要求】

能够根据电路图在面包板上搭建并联电路。

【实训设备】

电阻、二极管、排线、面包板、电池、电池盒。

【任务内容】

1. 情景导入

王刚在面包板串联电路实验中，学习了“上下部分横向导通”，“中间部分竖向导通”的口诀。他还想试一试其他接法，于是继续学习面包板的使用，并在网上查阅到了并联的搭建方法，顺便复习了一下电路并联的知识：并联是元件之间的一种连接方式，其特点是将两个同类或不同类的元件、器件等首首相接，同时尾尾亦相连的一种连接方式，通常指电路中电子元件的连接方式，即并联电路。

2. 任务原理

在焊接板上搭建如图 7-13 所示并联电路，图 7-13 包含一个 3 V 的电池盒、一个电阻、三个发光二极管、两根排线。发光二极管 LED1、LED2、LED3 并联，当 3 V 的电池盒开关拨到 ON 位置，电路正常工作，LED1、LED2、LED3 亮。

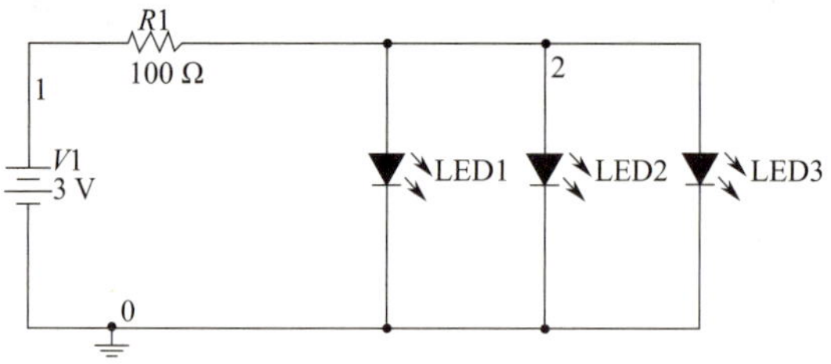

图 7-13　并联电路

3. 实训步骤

第一步，准备好所需的器材，器材为面包板、电池盒、电阻、二极管、排线。清点器材的同时要注意电池盒开关是否处于关闭状态，电池盒内部是否有电池，面包板、二极管等一些器材是否完好，在使用时注意发光二极管要带一个电阻，避免实验过程中把发光二极管烧坏。

第二步，把电阻的两个管脚分别插到面包板的上部分和中间部分，如图 7-14 所示。上部分不用多说，我们来看中间部分，根据“中间部分竖向导通”的原理，以电阻所插中间部分的孔为落脚点，跨过电阻的电流可以从中间这一列上的5个孔中流出。

第三步，从电阻处“兵分三路”，如图7-15所示。根据“中间部分竖向导通”的原理，电阻所插中间部分孔的落脚点上的这一列5个孔都是带电的，三根排线在这一列上兵分三路，后面各带一个发光二极管。

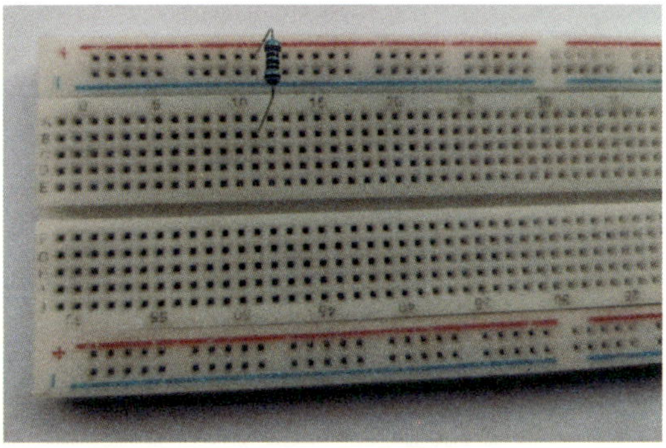

图 7-14　安装电阻

图 7-15　并联 LED

第四步，将电池盒的红色线插在与电阻同一列的上部分，黑色线插在与排线同一列的下部分，形成回路，如图7-16所示。

4. 实训现象

开关闭合后，如果三个发光二极管被点亮，证明面包板并联电路实验成功，如图7-17所示。

图 7-16　连上电池盒

图 7-17　实验成功

【任务小结】

（1）面包板遵循“上下部分横向导通”，“中间部分竖向导通”的原理。

（2）“兵分三路”指在导通的一列或一排上分出支路。

任务三　二极管混联电路

【任务要求】

能够根据电路图在面包板上搭建带有开关的二极管混联电路。

【实训设备】

电阻、二极管、排线、按键、面包板、电池、电池盒。

【任务内容】

1. 情景导入

王刚在面包板并联电路实验中，进一步熟练了面包板的使用方法，想继续深入探究，不断实践自己的新想法。老师也不断给予指导，引导王刚不断正确实践自己的新想法。此时，王刚正好找到一个开关，想把它融入面包板的接线中，搭建带有开关的二极管串并联即混联电路：混联是指既有串联又有并联的结构方式，在电路、机床、混合动力系统中常用。

2. 任务原理

在焊接板上搭建图 7-18 所示混联电路，由一个 3 V 的电池盒、四个电阻、一个开关和三个发光二极管组成。发光二极管 LED1 和 $R2$ 串联，发光二极管 LED2 和 $R3$ 串联，发光二极管 LED3 和 $R4$ 串联，$R2$、$R3$、$R4$ 并联，LED1、LED2、LED3 并联。当 3 V 的电池盒开关拨到 ON 位置，电路正常工作，LED1、LED2、LED3 亮。

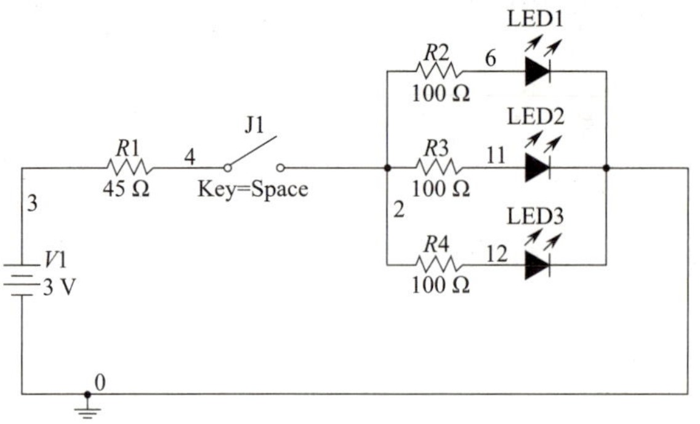

图 7-18　混联电路

3. 实训步骤

准备好所需的器材，包括面包板、电池盒、电阻、二极管、排线、开关。清点器材的同时要注意电池盒开关是否为关闭状态，电池盒内部是否有电池，面包板、二极管等一些器材是否完好，在使用时注意发光二极管要带一个电阻，避免实验过程中把发光二极管烧坏。

根据面包板“上下部分横向导通”，“中间部分竖向导通”的原理，依次将电阻、开关、排线、发光二极管插到相应的位置，最后搭建的电路如图 7-19 所示。

4. 实训现象

当把电池盒的开关打开、开关闭合后，如果三个发光二极管被点亮，证明混联电路实验成功，如图 7-20 所示。

图 7-19 混联电路的安装

图 7-20　实验成功

【任务小结】

（1）搭建的过程中注意混联和并联的区别。

（2）面包板“上下部分横向导通”，“中间部分竖向导通”。

项目八

心形流水灯的原理及其制作

实训项目	心形流水灯的原理及制作
教学目标	知识目标 学会组装电子产品的工艺流程；掌握三极管放大电路的基础理论。 技能目标 通过制作心形流水灯实验，让同学们了解三极管放大电路，并能够根据电路原理图、元器件实物设计制作电路板。 情感目标 实践操作耐心：通过亲自动手制作，培养细致耐心的实践操作习惯，面对挑战不轻言放弃。成就感体验：完成项目后，体验从设计到实现全过程带来的成就感，增强自信心和学习动力。 思政目标 团队合作精神：在团队合作的环境中，增进相互间的沟通与协作能力，学会尊重他人意见，共同推进项目进展。安全规范意识：在实验操作中，强化安全第一的原则，严格遵守实验室安全规定，培养负责任的行为习惯。环保责任感：在项目实施过程中，注意节能减排，合理使用资源，正确处理电子废弃物，树立良好的环保意识
教学重点	根据提供的电子元器件及印刷电路板，在印刷板上搭建出心形流水灯电路，并焊接调试完毕
教学难点	半成品板的安装、调试与检修
教学方法	讲授法、情景教学法、项目教学法
学习方法	实验法、自主学习法、探究学习法
项目导读	同学们学习了万用表的使用，学习了电阻、电容、二极管、三极管的类别、符号、规格、性能及使用范围，熟练了电路的识图以及搭建。那么怎样使用电烙铁组装电子产品，并且把制作好的半成品进行检测和调试，并实现相应功能呢？
项目任务	任务一　心形流水灯的组装
	任务二　三极管放大电路

任务一　心形流水灯的组装

【任务要求】

根据电路图,制作心形流水灯并安装调试。

【实训设备】

指针式万用表、数字式万用表、电阻、电容、电池、二极管、三极管。

【任务内容】

1. 情景导入

经过电烙铁学习练习之后,王刚基本掌握了锡焊技术,尤其是将组装好的简易收音机送给爸爸作为生日礼物,爸爸非常喜欢。王刚在感到欣慰的同时,也坚定了要学好电工电子技术的信心和决心。为了深入学习电工电子技术,王刚在老师的指导下开始学习制作心形流水灯。首先,王刚认真识读心形流水灯的电气原理图,按照电气原理图认真仔细地规划每一个步骤,认真准备好材料和工具,确保每一个细节都能够得到完美的处理。完成准备工作后,王刚开始自己的心形流水灯制作之旅。让我们一起期待他的精彩表现吧!

2. 任务原理

从图 8-1 任务原理图上可以看出,18 只 LED 被分成 3 组,每当电源接通时,3 只三极管会争先导通,但由于元器件存在差异,只会有 1 只三极管先导通,这里假设 Q1 先导通,则 LED1 这一组点亮,由于 Q1 导通,其集电极电压下降使得电容 *C*2 左端电压下降,接近 0 V,由于电容两端的电压不能突变,因此 Q2 的基极也被拉到近似 0 V, Q2 截止,故接在其集电极的 LED2 这一组熄灭。此时 Q2 的高电压通过电容 *C*3 使 Q3 集电极电压升高,Q3 也将迅速导通, LED3 这一组点亮。因此在这段时间里, Q1、Q3 的集电极均为低电平, LED1 和 LED3 这两组被点亮,LED2 这一组熄灭,但随着电源通过电阻 *R*2 对 *C*2 的充电,Q2 的基极电压逐渐升高,当超过 0.7 V 时,Q2 由截止状态变为导通状态,集电极电压下降,LED2 这一组点亮。与此同时, Q2 的集电极下降的电压通过电容 *C*3 使 Q3 的基极电压也降低, Q3 由导通变为截止,其集电极电压升高, LED3 这一组熄灭。接下来,电路按照上面叙述的过程循环,3 组 18 只 LED 便会被轮流点亮,同一时刻有 2 组共 12 只 LED 被点亮。这些 LED 被交叉排列呈一个心形图案,不断循环闪烁发光,达到动感显示的效果。

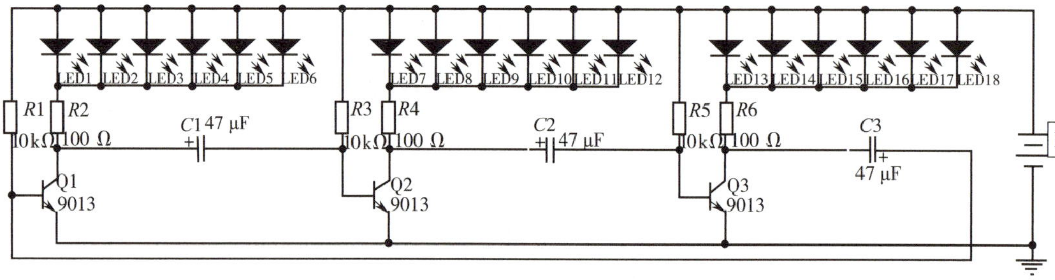

图 8-1　任务原理

3. 实训步骤

第一步:安装矮元件。*R*1、*R*3、*R*5 安装 10 kΩ 电阻，*R*2、*R*4、*R*6 安装 100 Ω 电阻(图 8-2)。

图 8-2　安装矮元件

第二步:安装高元件。*C*1、*C*2、*C*3 安装 10 μF/25 V 电容(图 8-3)。

图 8-3　安装高元件

第三步：Q1、Q2、Q3 安装 9014 三极管（图 8-4）。

图 8-4　安装三极管

第四步：D1~D18 安装红色发光二极管（图 8-5）。

图 8-5　安装红色发光二极管

第五步：安装完毕后，即可通电，心形流水灯呈现滚动式流水效果（图 8-6）。

图 8-6　通电正常

通电后流水正常，组装完成。

在制作过程中要注意二极管、三极管和电容都是有极性的，安装反了容易造成电路板的损坏。另外，焊接过程中不要出现虚焊、连焊、飞脚等问题，检查完毕后，再通电测试。

【任务小结】

通过心形流水灯的制作，同学们要在制作电子产品时，对元件的摆放、安装的步骤、半成品的检测有一个初步了解。

任务二　三极管放大电路

【任务要求】

通过搭建三极管放大电路，并测量出 C、B、E 三个极的工作电流，来学习三极管的放大工作原理。

【实训设备】

电源、偏置电阻、发光管、三极管、跳线、电流表。

【任务内容】

1. 情景导入

通过学习锡焊技术，王刚对电子制作产生了浓厚的兴趣，他喜欢通过自己的双手将一个个小零件组装成具有实用性和艺术性的作品。这次，他选择了制作三极管放大电路作为自己的实验项目，希望通过这个项目能够进一步提升自己的电子制作技能，同时也为生活增添一份色彩和趣味。

2. 任务原理

三极管的实物图如图 8-7（a）所示，电路符号如图 8-7（b）所示。三极管由三个极组成，分别为发射极、基极、集电极。

三极管的电流放大作用工作原理如图 8-8 所示，3 V 电源通过 $R1$ 传到三极管基极，3 V 电源通过 $R2$ 传到 Q1 再传到三极管集电极，三极管发射极通过 $R3$ 回到电源负极，从毫安表可读取基极电流 I_B、集电极电流 I_C 和发射极电流 I_E 的相应值。

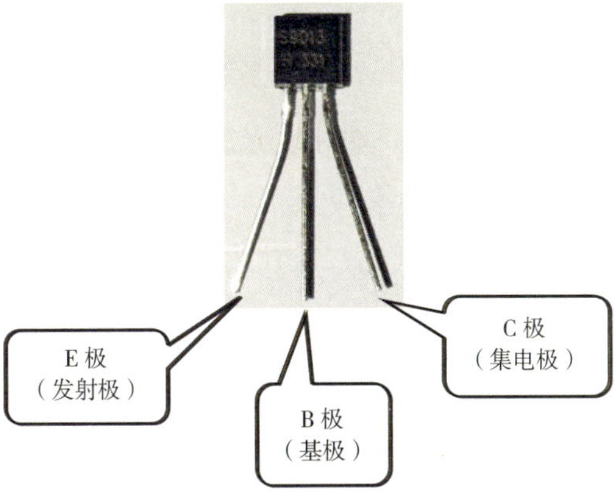

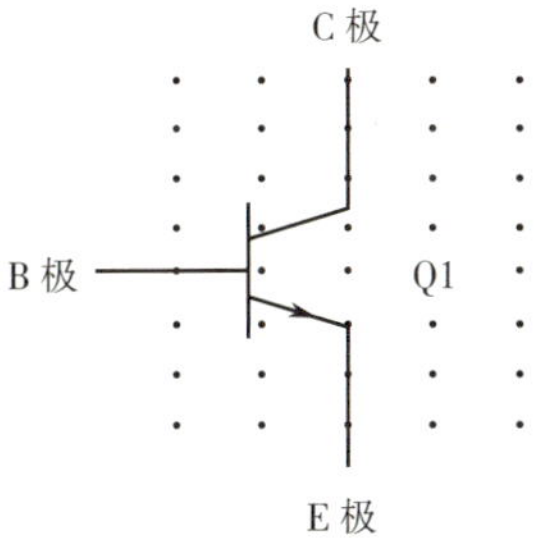

图 8-7　三极管

(a)实物图　(b)电路符号

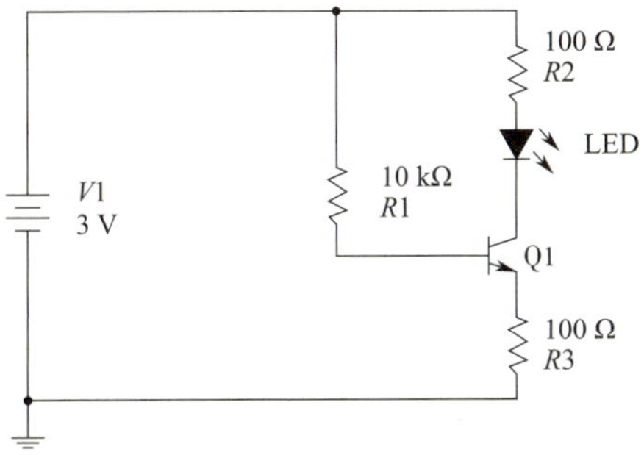

图 8-8　三极管电流放大作用工作原理

3. 实训步骤

第一步：如图 8-9 所示，把电池盒的正极插到面包板上部的红色插孔内，电池盒的负极插到面包板下部的蓝色插孔内。

第二步：三极管字面面向人，分开插进面包板里（图 8-10）。

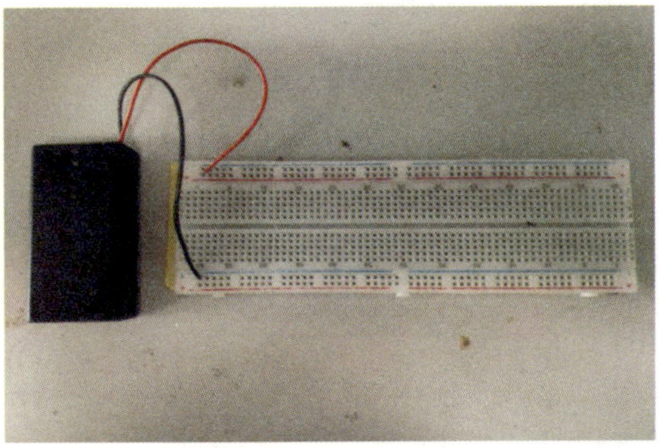

图 8-9　安装电池盒

图 8-10　安装三极管

第三步:用 10 kΩ 电阻一端插到电源红色正极,另一端和三极管的基极相连接(图 8-11)。

第四步:用 100 Ω 电阻一端插在电源红色正极,一端和发光二极管的正向相连接,二极管的负极和三极管的集电极相连接(图 8-12)。

图 8-11　安装基极电阻

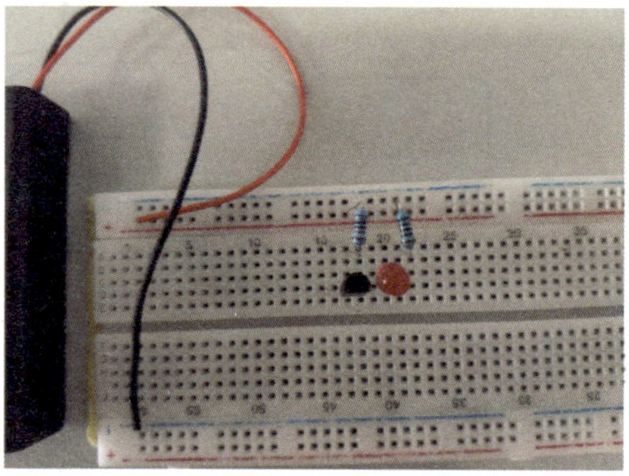

图 8-12　安装发光二极管和限流电阻

第五步:用 100 Ω 电阻一端插在电源蓝色负极,另一端和三极管的发射极相连接(图 8-13)。

第六步:三极管的电路安装完成,打开电源开关,可以看到发光二极管亮(图 8-14)。

图 8-13　安装发射极电阻

图 8-14　通电实验

第七步:最后把 3 块万用表打到毫安挡上,再分别串联到集电极、基极、发射极中去(图 8-15)。

集电极电流(I_C)=放大系数(β)× 基极电流(I_B)

放大系数(β)=集电极电流(I_C)÷ 基极电流(I_B)

$=3.21 \div 0.14$

$=22.92$

图 8-15　选择电流挡串联到电路中

三极管实际测量 β 为 21（图 8-16）。

图 8-16　测量 β 值

通过测量的数据可以看出，发射极电流（I_E）≈ 基极电流（I_B）+集电极电流（I_C）。

【任务小结】

（1）选择合适的三极管型号，根据实际需求考虑其特性参数，如最大电流、最大功率等。

（2）正确连接三极管的引脚，遵循电路原理图和接线图，避免出现错接、漏接等情况。

（3）确定合适的工作点，根据电路要求和三极管的工作特性，合理设置基极偏置电阻的大小，保证放大电路能够正常工作。

（4）通过本任务的学习，同学们通过实验，了解三极管的判断方法，三极管的电流、电压放大作用。

项目九

家庭电路的识图和接线

项目名称	家庭电路的识图和接线
教学目标	知识目标 掌握常用家庭电路的设计和接线方法。 技能目标 通过单控开关电路实验、双控开关电路实验、两地控制电路实验，让同学们掌握以下技能：读图和识图的能力；能够根据电路图认识元器件、了解元器件的原理，并进行正确接线；剥线钳的使用方法；万用表检测灯座的方法。 情感目标 责任感提升：认识到家庭电路安全的重要性，培养对家庭成员安全负责的态度。自主学习能力：鼓励学生在完成基本任务的基础上，探索家庭自动化、智能家居等先进电路技术，持续拓展知识领域。 思政目标 社会责任感：理解作为电气技术人员的社会责任，注重在家庭电路设计与维护中遵循法律法规，保障公共安全。节能环保意识：在家庭电路规划中融入节能理念，比如推荐使用 LED 灯具、智能控制等方式减少能源消耗。团队合作与沟通：在复杂电路设计或故障排查过程中，学会与家人或同事有效沟通，协同解决问题，培养良好的团队合作精神
教学重点	电子元器件的工作原理
教学难点	如何进行线路的连接，并保证接线正确且符合电工接线的美观要求
教学方法	讲授法、情景教学法、项目教学法
学习方法	实验法、自主学习法、探究学习法
项目导读	在电工基础的理论课程学习中，同学们学习了直流和交流照明电路的基础知识，但实物的连接该如何进行呢？现在就让我们一探究竟。本项目使用日常照明设备在配线盘上进行接线练习，其中涉及串联电路、并联电路以及混联电路等电路连接中的基本连接方法。在本项目中不仅要学习接线技能，还要掌握电路图的识图方法，需要按照电路图进行配线作业。在进行本系列的试验时要特别注意：通电前必须对线路进行检查，不能带着疑问通电试验，检查后按照通电步骤依次通电试验，为了保证同学们的人身安全，不能随意跳过或省略任何一个步骤
项目任务	任务一　单控家庭电路
	任务二　双控家庭电路
	任务三　异地控制家庭电路

任务一　单控家庭电路

【任务要求】

（1）能够看图识图，并根据电路图进行正确接线，同时需保证线路的美观。

（2）剥线钳的使用方法。

（3）万用表的使用方法。

【实训设备】

断路器、熔断器、电表、单控开关、电灯、电线、220 V 电源。

【任务内容】

1. 情景导入

最近，王刚参加了学校组织的企业课程。他今天的工作任务是和师傅一起为单位新建成的职工宿舍装设照明装置，他一早就和师傅领了工具来到了新宿舍楼下。在进入第一间宿舍后师傅问道：“王刚，今天要进行的工作昨天晚上思考过了吗？”王刚说：“师傅，我昨晚不仅思考了，还把接线原理图画出来了，请您帮我看看画得对不对？”师傅看后说：“画得不错！我还要问问你，进行家用照明电路的接线需要掌握哪些知识和技能呢？”王刚思考了一下说：“师傅，我觉得完成家用照明电路的接线需要掌握以下技能：①看图、绘图的能力；②万用表的使用方法；③剥线钳的使用方法；④导线的连接方法；⑤正确的停送电规则；⑥美观的接线工艺。”师傅听后高兴地说：“说得不错，现在就按以上步骤开始工作吧！”

2. 任务原理

在配线盘上搭建图 9-1 所示控制电路，包含一个断路器，两个熔断器和一个电表，一个单控开关，一个灯座和一个灯泡。当单控开关的 L 和 L1 接通的时候，电回路接通，电灯泡点亮。

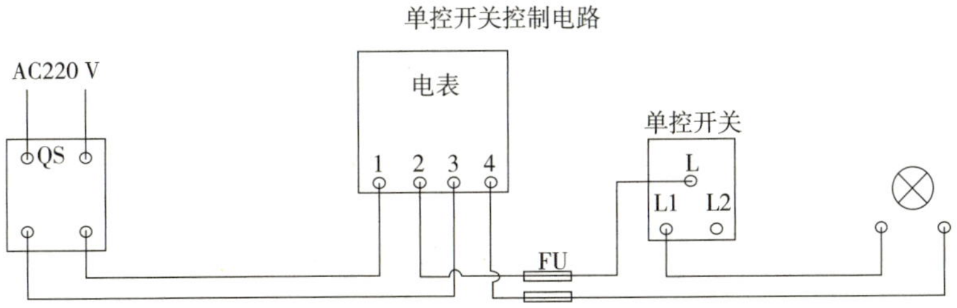

图 9-1　单控开关原理图

3. 实训步骤

1）识图

拿到原理图后首先进行图纸分析，通过分析识图，了解图纸的控制工艺要求是什么。在实验之初，要向同学们普及安全用电的知识，学习触电急救的方式方法，并了解人工心肺复苏的操作步骤。通过储备的安全知识分析本电路配线中的危险点及应急处置方法。

2）实训前检查

开始作业前应先检查电路的情况，必须保证电源处于“断开”状态下才能进行下一步的接线工作，不仅需要用眼观察还应该用电笔或万用表进行进一步的检查。除此之外，还应该检查即将使用的电工工具的完好性，避免因为工具的异常造成人员受伤。

3）接线

第一步：根据图纸将要使用的元器件在盘面上规制整齐，为下一步的接线做好准备，如图 9-2 所示。

图 9-2　规制实验所用设备

第二步：将电线根据原理图的连接方法对元器件进行连接。

（1）连接断路器和电源。

（2）连接断路器和熔断器。

（3）连接熔断器和电表。

（4）连接电表和开关。

（5）连接开关和灯座。

注意：为保证接线及后续使用的安全，应遵循以下接线时的布线原则：在连接灯座的接线时应该将火线接到底座的簧片上，零线接到灯座的螺纹上，这样连接的目的在于最大限度减少安装、更换灯泡时安装人员的触电危险。准确找到灯座底部的两个连接螺丝哪个应与簧片相连的方法是：将万用表调整到“通断挡”，一个表笔与底部任意一个连接螺丝相连，见图 9-3。

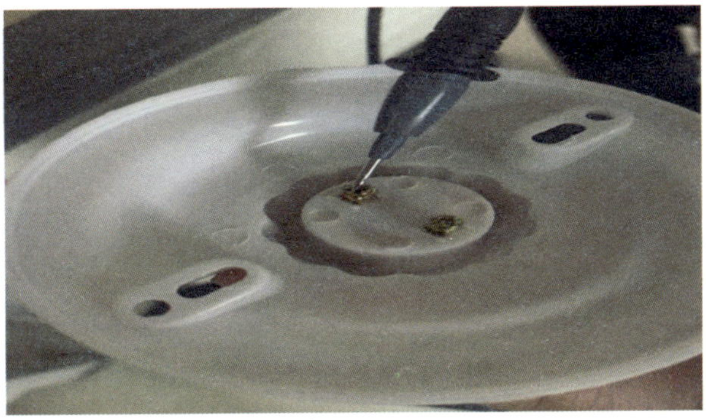

图 9-3　接线螺栓检测 1

另一个表笔在簧片和螺纹间切换，万用表发出蜂鸣便可以确定这个连接螺丝对应的是簧片还是螺纹，见图 9-4。

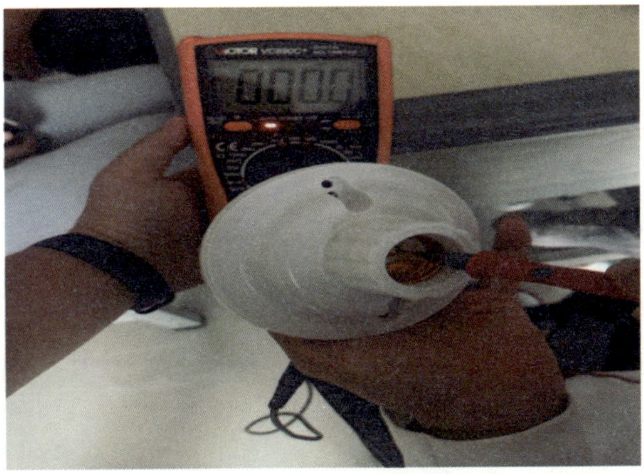

图 9-4　接线螺栓检测 2

为提高工作效率，分离工作剥线时可以选用专用的剥线工具——剥线钳（图 9-5）。

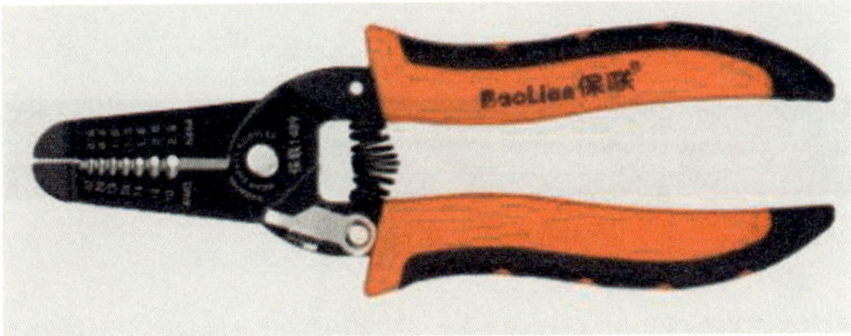

图 9-5　剥线钳

因为配线时的线路大多选用的是 1.5 mm^2 的铜芯线或铝芯线，所以剥线时应选用剥线钳上接近 1.5 mm^2 的剥线口，如图 9-6 所示。

图 9-6　剥线钳卡口的选择

剥线时将电线放到相适应的剥线口内，并压下钳柄，当感觉绝缘层被夹破时向线头方向一拉便可剥出线头，如图 9-7 所示。

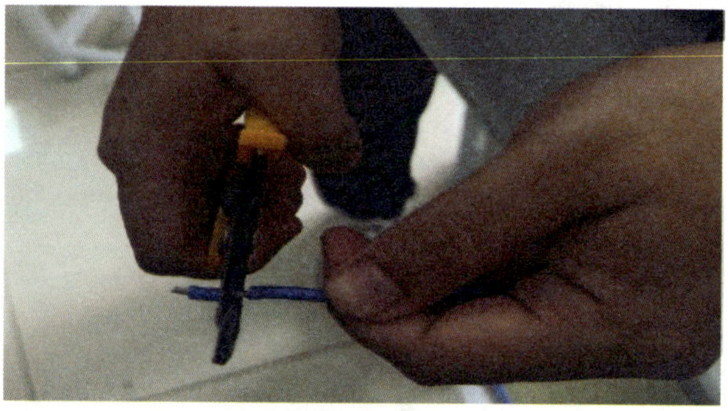

图 9-7　剥线

剥除绝缘层后注意观察绝缘层，如果线芯受到明显破坏则应夹断后重新剥出新的线头。

4）接线工艺

为保证布线的美观，线路的排布必须“横平竖直”，且线路必须贴地排布，如图 9-8 所示。

图 9-8　布线工艺 1

当元器件的接线口高于配线盘面的时候，需要将线头处依据走线的方向与盘面做一个 90° 的夹角以保证接线的整齐美观，如图 9-9 所示。

图 9-9　布线工艺 2

注意以上细则，并严格按照原理图完成接线实验后，盘面如图 9-10 所示。

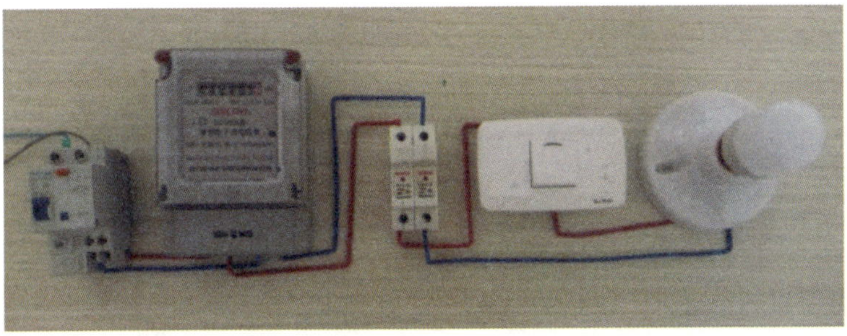

图 9-10　单控开关接线

5）万用表测量电压

通电前应该检查断路器上是否已经加载交流 220 V 的电压，可以用万用表对断路器的接线端进行测量。使用前我们应将万用表的挡位选择到交流电压挡，且电压等级大于等于 220 V，见图 9-11。在测量时手必须握在表笔的绝缘部分，以免触碰到金属部分而触电。测量前将红色表笔插入功能端，黑色表笔插入 COM 端。测量时将两支表笔分别插入断路器的两个接线端，如果显示值接近 220 V 则说明断路器已经带电，见图 9-12。

图 9-11　万用表挡位选择

图 9-12　电压的测量

在导线的连接中经常会遇到线不够长的情况，这就需要将导线进行连接，方法有绞接法和缠绕法两种。

绞接法用于截面较小的导线，将剥开的导线和氧化层的两头呈“X”形相交，并相互绞接2~3圈，然后掰直两线段，并在对边芯线上缠绕到线芯直径的6~8倍长，最后将多余的线端剪去，并修整毛刺。

缠绕法用于截面较大的导线，将已剥开绝缘层的线头交叠，再用直径为1.5 mm的裸铜线进行缠绕。其中，线头直径在5 mm以下的缠绕60 mm，以上的缠绕90 mm。

单股芯线T形连接时仍可用绞结法和缠绕法。绞接法是将支路线芯与干线剥开处的线芯十字相交，注意在支路线芯根部留出3~5 mm裸线，接着顺时针方向将支路线芯在干路线芯上紧密缠绕6~8圈。剪去多余线头，修整好毛刺。

合格连接如图9-13所示，不合格连接如图9-14所示。

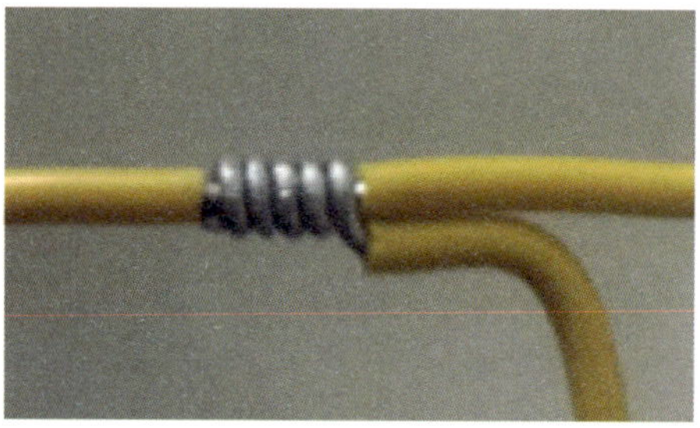

图9-13　合格连接

图9-14　不合格连接

对截面积较大的单股铜线芯T形连接，也可用缠绕法，其方法与单股铜芯导线法相同，如图9-15所示。

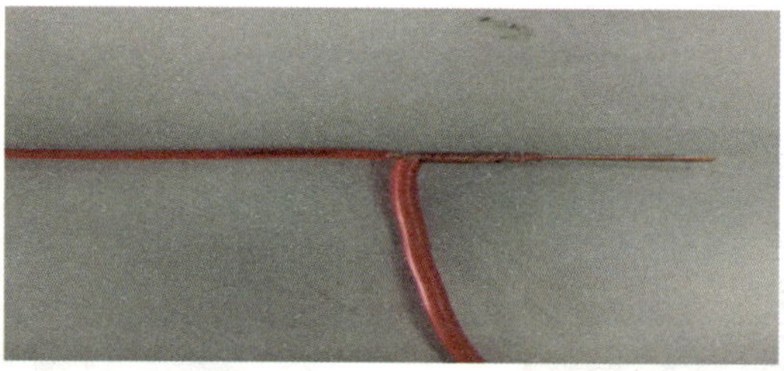

图9-15　缠绕法

6)通电实验

完成配线后，就可以进行通电实验。通电前应依据电路图对线路进行仔细的检查，确认正确后方可通电实验。

线路检查小技巧：在未通电的情况下可以将万用表切换到“通断挡”，将红黑两个表笔分别插到两个熔断器之间，然后切换控制开关，如万用表没有发出蜂鸣声就说明线路没有短路现象。

通电时，按下控制开关，灯泡点亮，再次切换该开关，灯泡熄灭，如符合以上流程则线路连接正确，见图 9-16。

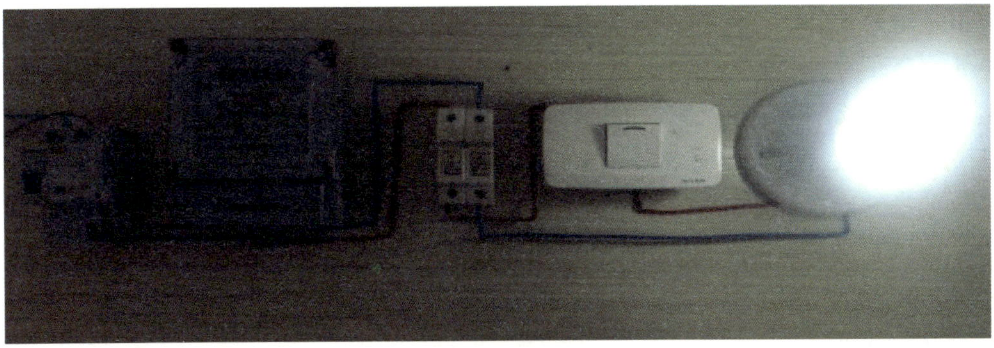

图 9-16　灯泡启动

4. 实训现象

按下单控开关，灯泡点亮；再次按下单控开关，灯泡熄灭，则说明实验成功。

完成以上实验步骤后需要切断电源，将实验剩余的材料和工具都放到指定位置，并由每个实验小组将自己小组作业范围的卫生清理干净，特别是实验中所产生的实验垃圾，完成以上步骤方可离开实验室。

【任务小结】

（1）接线前仔细看电路图，分析电路图的要求。

（2）接线时严格遵守接线工艺规范，保证线路“横平竖直”。

（3）完成接线后根据电路图仔细进行检查，保证接线正确后方可送电试车。

（4）进行导线连接时，要注意正确使用缠绕法，既要保证连接美观大方，又要保证连接牢固，且方便做好绝缘措施。

任务二　双控家庭电路

【任务要求】

能够根据电路图在配线盘上进行双控照明电路的配线。

【实训设备】

断路器、熔断器、电表、照明控制开关、灯泡、灯座、电线。

【任务内容】

1. 情景导入

王刚在完成单控开关照明的接线后，发现师傅正在测试卧室床头位置的照明开关，他觉得这个开关比较“先进”。卧室灯泡可以用卧室的门口和床头的两个开关控制，他忙问师傅这个功能是怎么实现的，为什么要这么设计呢？师傅笑着回答：“冬天那么冷，睡觉时你想从暖和的被窝里出来关灯吗？”王刚听后也笑了。师傅告诉他这个电路叫双控开关照明电路。王刚说：“以后终于可以不用在冬天离开被窝去卧室门口关灯了。但是，这个功能又是如何实现的呢？”师傅回答道：“这个电路相对于单控电路增加了并联的接线，首先让我们来看看原理图吧！”

2. 任务原理

在配线盘上布置图 9-17 所示的元器件，包含一个断路器，两个熔断器和一个电表，两个单控开关，一个灯座和一个灯泡。当单控开关 1 控制灯泡点亮时，单控开关 2 可以关闭灯泡，反之亦然。

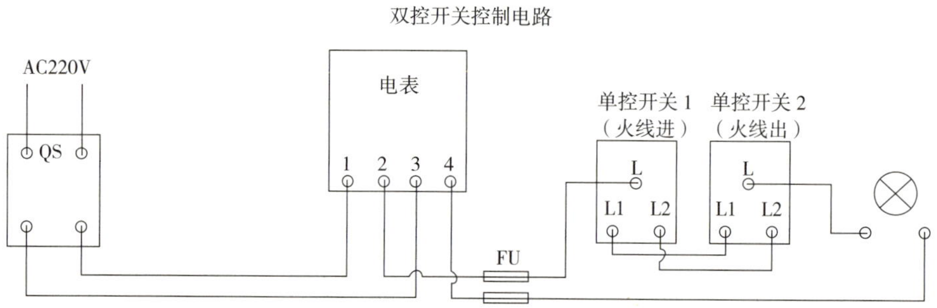

图 9-17　双控开关电路图

3. 实训步骤

1）实验准备

开始作业前首先应检查电路的情况，必须保证电源处于“断开”状态下才能进行下一步的接线工作，不仅需要用眼观察还应该用电笔或万用表进行进一步的检查。除此之外，还应该检查即将使用的电工工具的完好性，避免因为工具的异常造成人员受伤。

2）接线步骤

根据单控照明电路的配线方式，在配线盘上进行规范配线。配线前先认真分析双控照明电路的电路图设计方式，明白原理后进行盘面布置，最后根据原理图进行配线作业。

由于此电路要起到双向控制的效果，控制线的进线和出线分别设定为两个单控开关的“L”接线端；两个单控开关上的“L1”之间和“L2”之间都需要进行短接，见图 9-18。

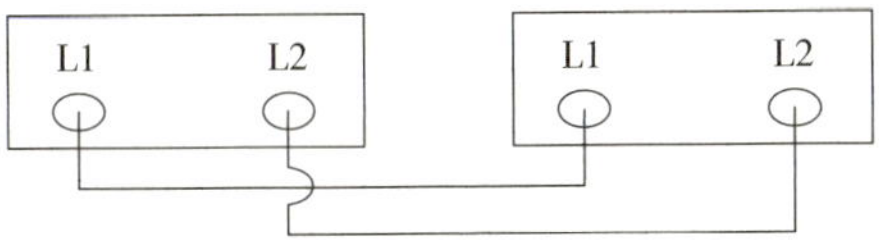

图 9-18　接线柱短接

4. 实训现象

无论在单控开关 1 的位置还是单控开关 2 的位置，只要按下开关都可以点亮灯泡，见图 9-19。需要关闭灯泡时，反向关闭启动灯泡时的开关，或是直接关闭双控开关中的另一个开关都可以关闭灯泡。双控开关接线见图 9-20。

图 9-19　双控灯泡启动

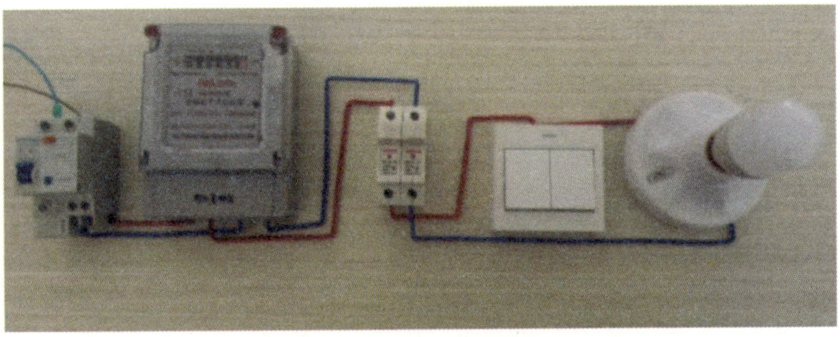

图 9-20　双控开关接线

完成以上实验步骤后需要切断电源，将实验剩余的材料和工具都放到指定位置，并由每个实验小组将自己小组作业范围的卫生清理干净，特别是实验中所产生的实验垃圾，完成以上步骤方可离开实验室。

【任务小结】

（1）接线前先仔细分析电路图，观察单控照明电路图和双控照明电路图之间的不同，并对为什么能够达到双向控制进行分析。

（2）接线时严格遵守接线工艺规范，保证线路“横平竖直”。

（3）完成接线后根据电路图仔细进行检查，保证接线正确后方可送电试车。

任务三 异地控制家庭电路

【任务要求】

能够根据电路图在配线盘上进行异地控制照明电路的配线。

【实训设备】

断路器、熔断器、电表、照明控制开关、灯泡、灯座、电线。

【任务内容】

1. 情景导入

王刚在完成单控开关照明和双控开关照明的接线工作后迫不及待地问师傅还有没有其他的接线工作,他还想看看还有哪些照明电路的控制方法是他不知道的。师傅反问道:“如果我在二楼打开楼梯灯,等走到一楼后,我是回到二楼把灯关了再下来,还是让灯一直亮着?”王刚用奇怪的眼神看着师傅,疑惑地说道:“回到二楼关了又怎么下到一楼?不关灯那不就是浪费电吗?”师傅接着说道:“是啊,这个就是我们要解决的问题,你看怎么处理。”王刚想了想,不自信地说道:“能不能接一种控制电路,在一楼可以控制楼梯灯,在二楼也可以控制楼梯灯,应该像双控家庭电路一样,这样才方便啊!”师傅说道:“所以我们要用异地控制电路,就是双控家庭电路的拓展,你先看看异地控制电路的原理图,一会儿我们就在楼梯处接一个异地控制电路,方便大家!”

2. 任务原理

在配线盘上搭建图 9-21 所示异地控制电路,包含一个断路器,两个熔断器和一个电表,两个单控开关,一个灯座和一个灯泡。两个单控开关都可以控制灯泡的亮灭,但和双控开关不同的是哪个开关开启的灯泡只能由它来负责关断。

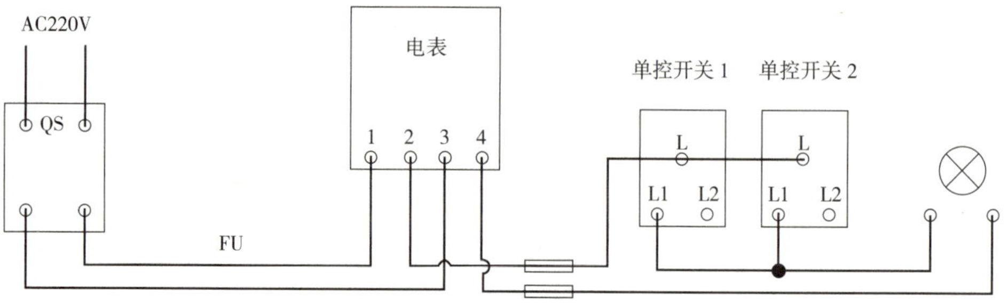

图 9-21 异地控制电路图

3. 实训步骤

开始作业前应先检查电路的情况，必须保证电源处于“断开”状态下才能进行下一步的接线工作，不仅需要用眼观察还应该用电笔或万用表进行进一步的检查。除此之外，还应该检查即将使用的电工工具的完好性，避免因为工具的异常造成人员受伤。

根据异地控制照明电路的配线方式，在配线盘上进行规范配线。配线前先认真分析异地控制照明电路的电路图设计方式，明白原理后进行盘面布置，最后根据原理图进行配线作业。

4. 实训现象

操作开关 1，可以对灯泡进行开关控制；操作开关 2，也可以对灯泡进行开关控制。但是一个开关的操作只能由同一个开关进行反向操作，另一个开关不能进行操作，如图 9-22 所示。操作开关时注意手指触碰的位置，避免接触到金属部分而触电。

图 9-22　异地控制灯泡启动

完成以上实验步骤后需要切断电源，将实验剩余的材料和工具都放到指定位置，并由每个实验小组将自己小组作业范围的卫生清理干净，特别是实验中所产生的实验垃圾，完成以上步骤方可离开实验室。

【任务小结】

（1）在配线过程中注意并联、串联混合电路的接线方式。

（2）思考异地控制电路和双控开关电路的区别。

项目十

电气控制的安装与调试

项目名称	电气控制的安装与调试
教学目标	知识目标 理解电机的基本原理和结构,包括电机工作原理。通过电气控制实验,学生可以深入了解电机的工作原理和实际应用技能,掌握电机的调试和运行。 技能目标 能够正确接线和安装电机。响应国家节能减排要求,提高电机的工作效率。 情感目标 培养学生对电机技术的兴趣和热爱,激励其学习和探究电机知识。培养学生的实践能力和团队合作精神,通过实验过程中的交流和合作,提高学生的团队合作和解决问题的能力。 思政目标 纪律性与规范性:通过对电气安装标准与操作规范的学习与执行,培养学生的纪律性和规范操作习惯。环保节能意识:在电气控制设计与应用中,融入节能理念,提升学生对环境保护的社会责任感
教学重点	能够通过电气原理图搭建有过载保护的自锁控制电路,实现电机的连续运行。能够通过电气原理图搭建接触器互锁正反转控制电路,实现电机的正反转
教学难点	能够通过电气原理图搭建星-三角降压启动控制电路,实现电机的降压启动
教学方法	讲授法、情景教学法、项目教学法
学习方法	实验法、自主学习法、探究学习法
项目导读	王刚正在学习电机的控制知识,他对电机的正反转、过载保护和启动方式有了更深入的了解。今天,他想要在实验室进行一些实验,来验证自己所学的知识。他准备开始搭建电路,分别实现电机的连续运行、正反转控制和星-三角降压启动。王刚非常期待看到这些电机顺利运行,并且能够更加深入地理解电机控制的原理和技术
项目任务	任务一　自锁电路
	任务二　接触器互锁正反转控制电路
	任务三　星-三角降压启动控制电路

任务一　自锁电路

【任务要求】

（1）能够读懂电气原理图。

（2）能够搭建自锁控制电路。

（3）能够控制电机连续运行的启动和停止。

【实训设备】

电机拖动板、接触器、熔断器、热继电器、万用表、三相异步电动机、按钮、电工三色线、螺丝刀、空气开关、三相插头。

【任务内容】

1. 情景导入

企业课程期间，王刚被安排到生产线上工作，该生产线上有电机驱动的传送带，传送带承载物品的重量会不断变化，而电机需要根据传送带上的物品负荷调整自身的输出功率。然而，如果电机超过其额定负荷运行时间过长，就可能导致短路、过热、损坏或者安全隐患。因此，王刚考虑设计一个电路来保护电路和电机。王刚陷入了深深的思考。

2. 任务原理

具有过载保护的接触器自锁控制电路如图 10-1 所示。

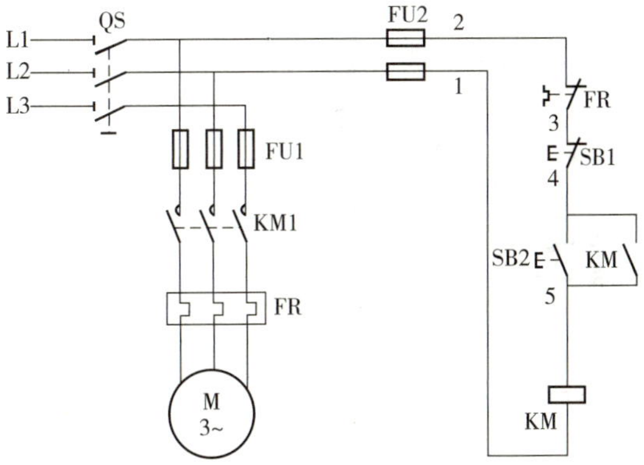

图 10-1　具有过载保护的接触器自锁控制的电路原理图

（1）交流接触器 KM 用于控制电动机。

（2）FR 为热继电器，对电动机进行过载保护；SB2 为启动按钮；SB1 为停止按钮。

（3）与 SB2 并联的是接触器 KM 的常开触头，作用是通过自锁实现电动机的连续运转。

（4）电路正常工作时，按下启动按钮，接触器线圈得电，主触点闭合，电机开始工作。同时，接触器的辅助触点也会闭合，形成自锁，即使松开启动按钮，接触器依然保持得电状态，电机继续工作。

（5）当电路发生过载或短路时，热继电器会检测到异常电流，并在达到设定值后断开电路，使接触器失电，主触点断开，电机停止工作。

3. 实训步骤

1）认识常见低压电器

（1）低压开关：在电路中主要起隔离、转换、接通和分断电路的作用。常用的类型有刀开关、组合开关、低压断路器等，如图 10-2 所示。

图 10-2　低压断路器电气图形符号及文字符号

（2）熔断器：熔断器是低压配电网络和电力拖动系统中最简单、最常用的一种安全保护电器，主要由熔体和安装熔体的熔管或熔座两部分组成。其中熔体是主要部分，它既是感受元件又是执行元件。熔断器（图 10-3）广泛应用于电网及用电设备的短路保护或过载保护中，图 10-4 为熔断器图形符号及文字符号。

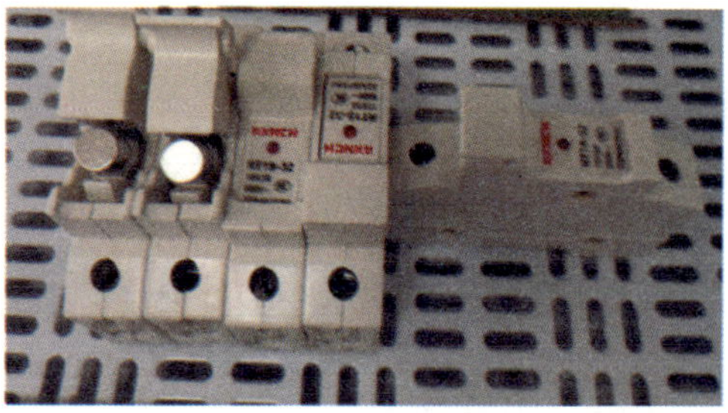

图 10-3　熔断器

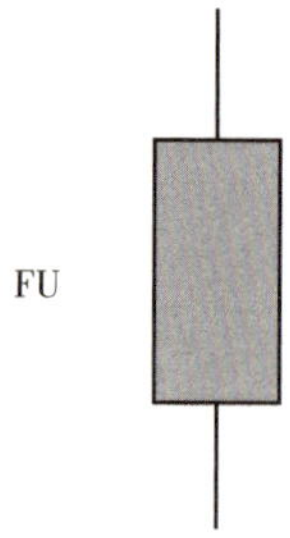

图 10-4　熔断器图形符号及文字符号

（3）主令电器：用来闭合或断开控制电路，以发布命令或用作程序控制，它主要有控制按钮、行程开关、转换开关和主令控制器等，如图 10-5 所示。

图 10-5　按钮示意图

（4）控制按钮：按钮是一种结构简单、应用广泛的低压手动电器。在低压控制系统中，手动发出控制信号，可远距离操纵各种电磁开关，如继电器、接触器等，实现主电路的通断，转换各种信号电路和电气联锁电路，如图 10-6 所示。

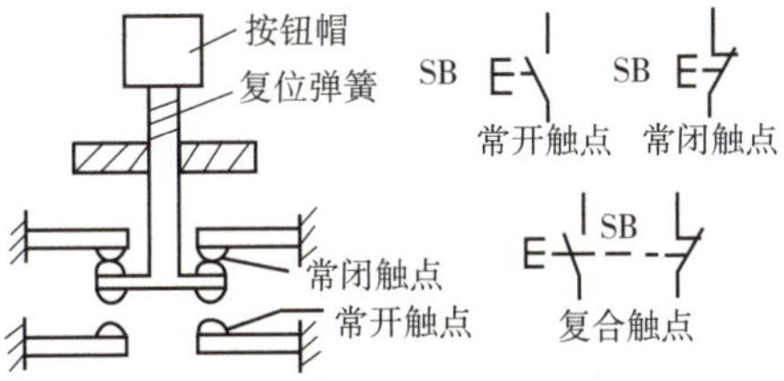

图 10-6　按钮的结构和符号

（5）接触器：接触器是一种用于频繁地接通或断开交、直流主电路及大容量控制电路等大电流电路的自动切换电器，可对交、直流主电路及大容量控制电路进行频繁的通断控制。

接触器的结构中，电磁机构包括线圈、铁芯和衔铁。触头系统中的主触头为常开触点，用于控制主电路的通断；辅助触头包括常开、常闭两种，用于控制电路，起电气联锁作用，如图 10-7 所示。

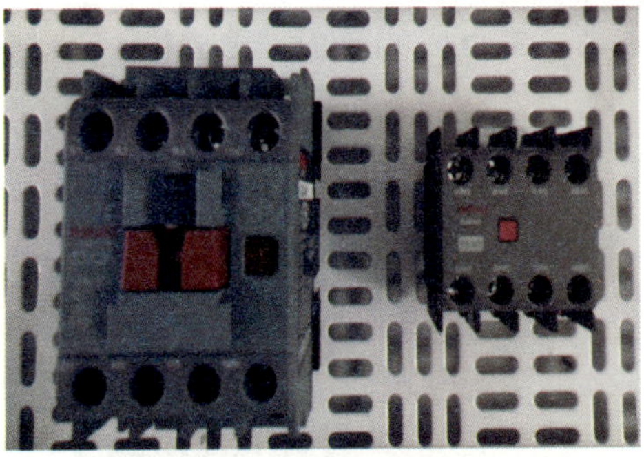

图 10-7　交流接触器

（6）热继电器：热继电器是一种电磁开关，在电路中起到保护和控制的作用。它是由热敏元件和电磁铁组成的，如图 10-8 所示。当电流通过热继电器时，热敏元件会感知电流的大小和温度升高的情况。如果电流过大或温度过高，热敏元件将受热膨胀，使得电磁铁的触点断开，切断电流的通路。

图 10-8　热继电器

（7）时间继电器：时间继电器是一种按时间原则进行控制的继电器。它利用电磁原理，配合机械动作机构能实现在得到信号输入（线圈通电或断电）后的预定时间内的信号的延时输出。图 10-9 为时间继电器图形符号，图 10-10 为时间继电器。

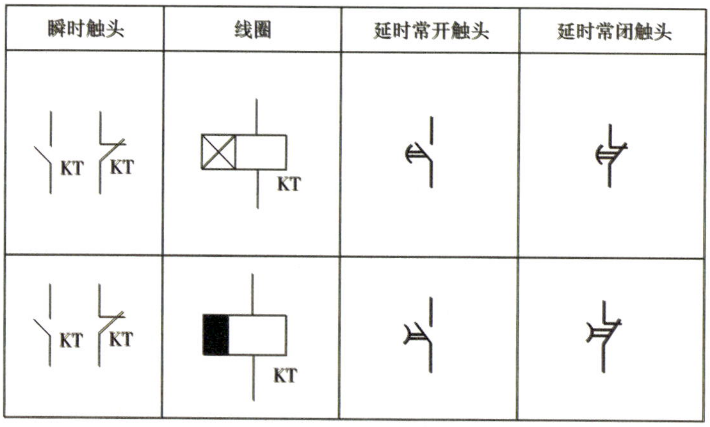

图 10-9　时间继电器图形符号

图 10-10　时间继电器

（8）三相异步电动机：三相异步电动机是一种常见的电动机类型，广泛应用于各种工业、商业和家庭应用中。这种电动机基于电磁感应原理，利用旋转磁场来产生转矩，从而驱动电动机旋转，如图 10-11 所示。

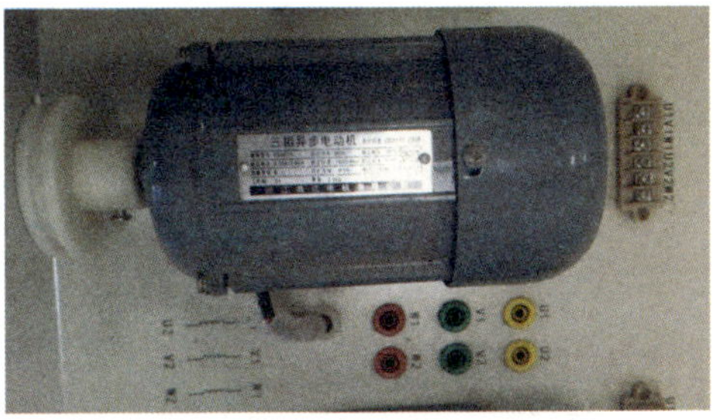

图 10-11　三相异步电动机

2）根据电路图完成实物接线

过载保护的连续运行控制电路实验需要使用电动机和热继电器等元件，以下是实物接线的步骤。

第一步：接线材料准备，适量的导线、电动机、交流接触器、热继电器、熔断器、开关。

第二步：根据电路图完成低压电器的放置。

第三步：根据电路图完成主电路的连接。

第四步：根据电路图完成控制电路的连接。

第五步：完成接线后，检查所有连接是否牢固可靠，并确保接线符合电路图和安全要求后再通电运行，如图 10-12 所示。

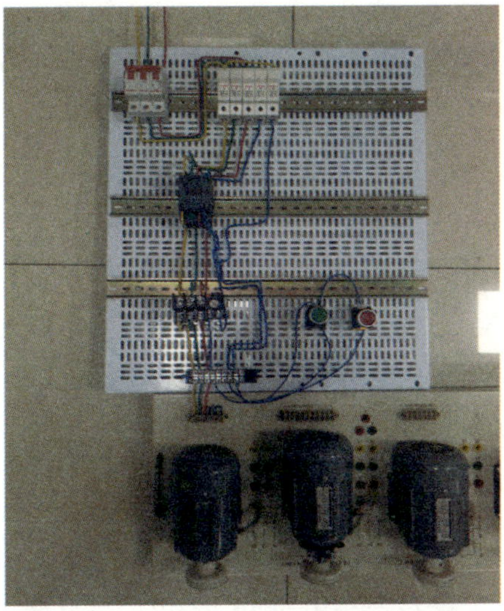

图 10-12　自锁控制电路实物接线图

第六步：实验结束以后整理器材，打扫卫生。

4. 实训现象

（1）合上电源开关 QF。

（2）按下启动按钮 SB2，电动机转动。

（3）按下停止按钮 SB1，电动机停止转动。

【任务小结】

（1）实验中，我们将热继电器安装在电路中，以实现对电源和负载之间的连接与断开。

（2）当电路发生过载时，电路将自动切断，以避免进一步的损坏，此时，热继电器会触发。当我们解除过载状态后，电路会自动恢复通断，以继续正常工作。

任务二　接触器互锁正反转控制电路

【任务要求】

（1）能够读懂电气原理图。

（2）能够搭建接触器互锁正反转控制电路。

（3）能够控制电机正转和反转的启动和停止。

【实训设备】

电机拖动板、接触器、熔断器、热继电器、万用表、三相异步电动机、按钮、电工三色线、螺丝刀、空气开关、三相插头。

【任务内容】

1. 情景导入

王刚所在的生产线上有一个电机驱动的传送带。王刚思考怎样才能实现既能把货物传输过去，又能把货物传输过来，怎样搭建才能保证电路的安全和功能的实现呢？王刚搭建了一个关于接触器互锁正反转控制电路的实验，期待看到电动机的正常运行。

2. 任务原理

接触器联锁电动机正反转控制电路原理如图 10-13 所示。

（1）接触器联锁电动机正反转控制电路的工作原理是：通过两个接触器分别控制电动机的正转和反转电路，同时利用联锁机构保证两个接触器不能同时工作，以避免电动机短路或损坏。

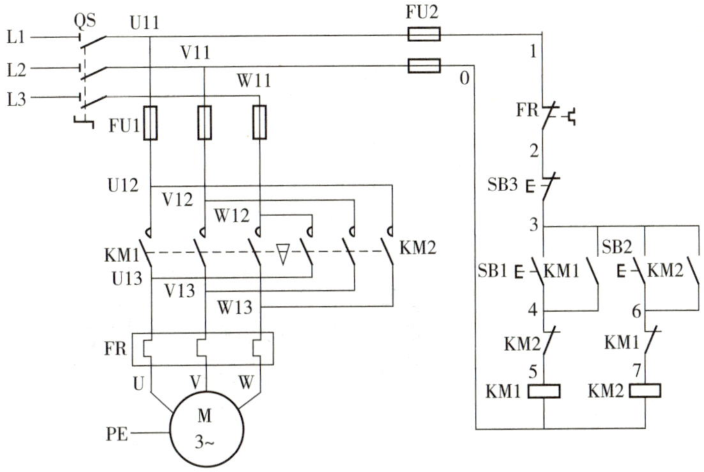

图 10-13　接触器联锁电动机正反转控制电路原理图

（2）当按下正转按钮时，正转接触器闭合，电动机正转电路接通，电动机开始正转。同时，反转接触器的联锁机构将反转接触器断开，避免电动机短路。反之，当按下反转按钮时，反转接触器闭合，电动机反转电路接通，电动机开始反转。同时，正转接触器的联锁机构将正转接触器断开，避免电动机短路。

（3）为了保证电动机的安全运行，电路中还会加入热继电器等保护元件，用于监测电动机的运行状态，并在电动机过载或短路时切断电源，保护电动机。

（4）接触器联锁电动机正反转控制电路是一种简单、可靠的电动机控制系统，通过控制接触器的开合和电源的相序，实现电动机的正反转控制，并通过联锁机构和保护元件保证电动机的安全运行。

3. 实训步骤

第一步：确保断开电源并采取适当的安全措施。

第二步：确定所需的元件和设备，如电动机、接触器、热继电器，熔断器，低压断路器，开关按钮等。

第三步：根据电路图完成主电路的连接。

第四步：根据电路图完成控制电路的连接。

第五步：检查电路无短路现象，检查所有连接牢固可靠，并确保接线符合电路图和安全要求，如图 10-14 所示。

第六步：实验结束以后整理器材，打扫卫生。

图 10-14　接触器互锁正反转控制电路接线图

4. 实训现象

（1）合上电源开关 QF，按下启动按钮 SB1，电动机 M 正转。

（2）按下停止按钮 SB3，电动机 M 停止转动。

（3）按下启动按钮 SB2，电动机 M 反转。

（4）按下停止按钮 SB3，电动机 M 停止转动。

【任务小结】

（1）在该实验项目中，我们需要掌握接触器的工作原理和基本操作方法。接触器是一种通过电磁力控制大电流的继电器，能够实现对电机的启动和停止控制。

（2）在实验中，我们需要通过控制交流接触器和按钮开关的状态，实现电机的正转和反转。为了达到这个目的，我们需要根据电路原理图进行正确的接线和配置。在电路中，我们需要使用两个交流接触器互锁来控制电机的正转和反转。

任务三　星-三角降压启动控制电路

【任务要求】

（1）能够读懂电气原理图。

（2）能够搭建星-三角降压启动控制电路。

（3）能够实现电机降压启动和停止。

【实训设备】

电机拖动板、接触器、熔断器、热继电器、万用表、三相异步电动机、按钮、电工三色线、螺丝刀、空气开关、三相插头。

【任务内容】

1. 情景导入

王刚在工厂生产线进行企业课程学习的过程中，对电机的正反转、自锁控制运行方式有了更深入的了解。今天，他在工作过程中发现有的生产线设备启动时，电机先缓慢转动一段时间再快速转动。王刚陷入了思考，打算通过实验来验证自己的猜测。他准备开始搭建星-三角降压启动控制电路实验。王刚非常期待看到电机顺利运行，并且能够更加深入地理解电机控制的原理和技术。

2. 任务原理

星-三角降压启动控制电路原理如图 10-15 所示。

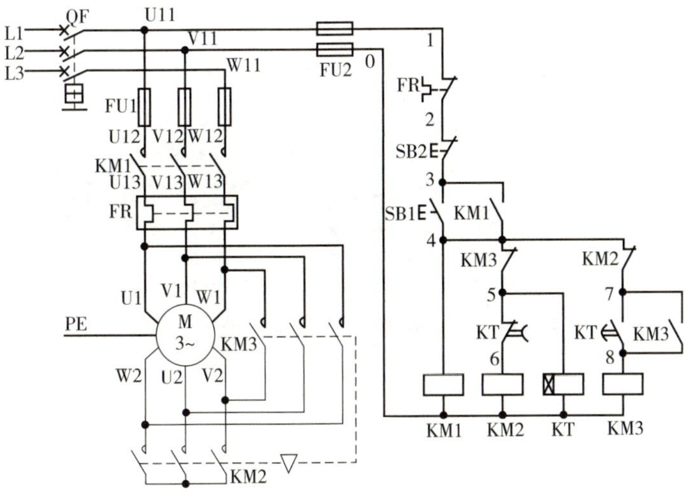

图 10-15　星-三角降压启动控制电路原理图

（1）星-三角（Y- △）降压启动是一种常见的电机启动方式，主要用于减少电机启动时的电流冲击。电机启动时，电流可能会超过其额定值，对电网和其他设备造成不良影响。星-三角降压启动通过改变电机的接线方式，使其在启动阶段以较低的电压运行，从而减小启动电流。

（2）星-三角启动的控制电路通常由时间继电器、主接触器、星形接触器和三角形接触器组成。时间继电器用于控制星形到三角形的切换时间，确保电机在合适的时机切换。主接触器用于控制电机的总电源，星形和三角形接触器则分别用于控制电机在星形和三角形状态下的电源接入。

3. 实训步骤

第一步:确保断开电源并采取适当的安全措施。

第二步:确定所需的元件和设备,如电动机、接触器、热继电器、熔断器、低压断路器、开关按钮等。

第三步:根据电路图完成主电路的连接。

第四步:根据电路图完成控制电路的连接。

第五步:检查电路无短路现象,检查所有连接牢固可靠,并确保接线符合电路图和安全要求,如图 10-16 所示。

第六步:实验结束以后整理器材,打扫卫生。

图 10-16 星-三角降压启动控制电路实物接线图

4. 实训现象

(1)合上电源开关 QF。

(2)按下启动按钮 SB1,时间继电器开始延时,时间到了以后,电动机 M 降压启动。

(3)按下停止按钮 SB2 ,电动机 M 停止运行。

【任务小结】

(1)我们成功地搭建了星-三角降压启动控制电路。该电路能够对电动机进行可靠的启动和运行控制,通过时间继电器和接触器的配合,实现了从星形连接到三角形连接的切换,以减少电动机起动时的电流冲击,保证电动机和电网的稳定运行。

(2)热继电器的加入还能够对电动机进行过载保护,进一步提高了电动机的安全性和可靠性。整个项目的搭建过程较为简单,但需要严格按照接线图进行接线,确保电路的正确性和稳定性。

项目十一

CA6140 车床控制电路

项目名称	CA6140 车床控制电路
教学目标	知识目标 掌握电气控制电路故障的排除方法。 技能目标 能把 CA6140 车床的电气控制原理图中的元器件和线号与 CA6140 车床智能实训考核单元上的元器件和线号相对应上。能够排查 CA6140 车床智能实训考核单元上预设的 16 个故障点。能够熟练使用数字万用表的蜂鸣器挡位排除断路故障。 情感目标 在复杂的故障排查过程中,培养细致入微的观察力和耐心解决问题的态度;面对未知故障,锻炼冷静分析、迅速应变的能力,做出合理的故障判断与维修决策;强化电气安全操作规程,确保在故障检修过程中的个人与设备安全。 思政目标 责任感与使命感:认识到机械设备维修对于生产安全和效率的重要性,培养对工作的高度责任感和使命感。工匠精神:通过精准的故障诊断与修复实践,弘扬精益求精、追求卓越的工匠精神
教学重点	掌握 CA6140 车床的电气控制原理图,CA6140 车床电路智能实训考核单元故障排除方法
教学难点	CA6140 车床的电气控制原理图识读
教学方法	讲授法、情景教学法、项目教学法
学习方法	实验法、自主学习法、探究学习法
项目导读	利用 CA6140 车床的电气控制原理总图对照 CA6140 智能实训单元。先分析每个电机的主回路是单向运行还是正反转运行,有没有热继电器保护? 再分析每个电机的控制回路从控制时间上看是点动控制还是连续运行控制? 从控制开关看是按钮开关控制还是转换开关控制? 从控制方向上看是单向运行还是正反转运行? 从多个电机的启停顺序看是单独控制还是联锁控制?
项目任务	任务一　CA6140 车床的电气控制原理图识读
	任务二　CA6140 车床电路故障排查
	任务三　亚龙智能答题器的使用

任务一　CA6140 车床的电气控制原理图识读

【任务要求】

根据电气控制原理图中的电气元件和线号在智能实训考核单元中找到相应的电气元件和线号,并了解相关控制原理。

【实训设备】

YL-156 A 型电气安装与维修实训考核装置一套、CA6140 车床智能实训考核单元一套、数字万用表一台以及 CA6140 车床的电气控制原理图一张。

【任务内容】

1. 情景导入

王刚在学校学习了电机自锁电路、正反转电路、星-三角降压电路后,第一次来到电气工程实训室学习利用 YL-156 A 型电气安装与维修实训考核装置进行实训,考核装置如图 11-1 所示。

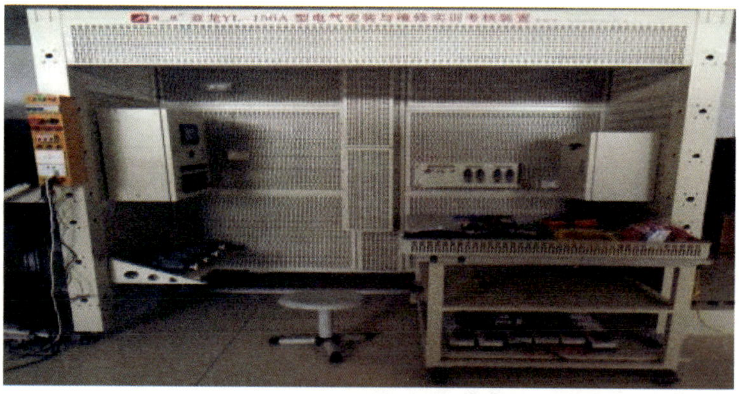

图 11-1　YL-156 A 型电气安装与维修实训考核装置

老师通过计算机分别给每套考核单元设置故障(注:16 个故障点中随机设置 4 个故障),并通过网络给通电的 16 个 CA6140 车床电路智能实训考核单元发送考核命令,接收命令后,考核单元如图 11-2 所示。

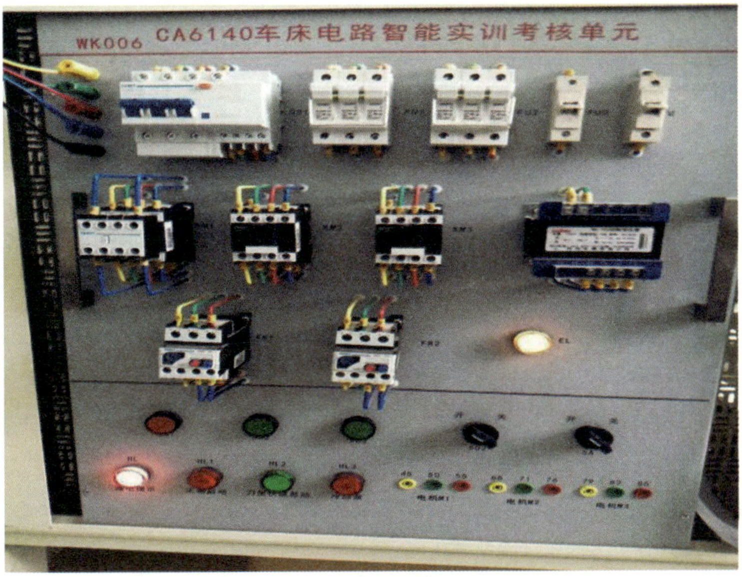

图 11-2　CA6140 车床电路智能实训考核单元

王刚拿出一张 CA6140 车床的电气控制原理图和一台万用表,依次对考核单元的故障进行排查。最后将找到的 4 个故障点先后依次输入智能答题器。 智能答题器如图 11-3 所示。

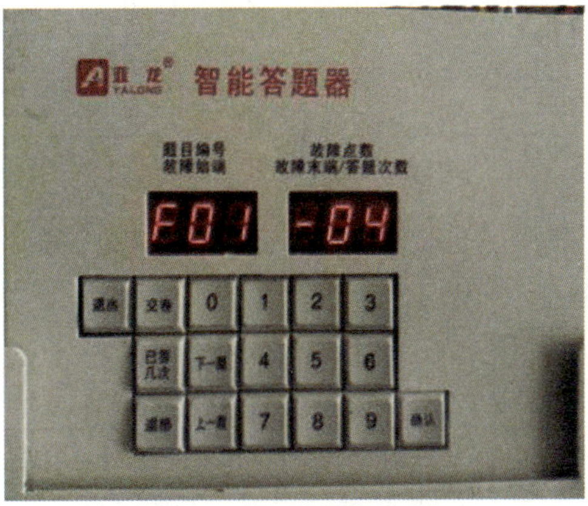

图 11-3　亚龙智能答题器

2. 任务原理

如图 11-4 所示,本机床的电路部分主要是对三个电机 M1~M3 进行控制。其中: M1 是由按钮开关 SB1、SB2 进行的带热继电保护的连续运行控制; M2 是由按钮开关 SB3 进行的带热继电保护的点动运行控制; M3 是由转换开关 QS2 进行的无热继电器保护直接控制。另外,转换开关 SA 控制机床的照明。

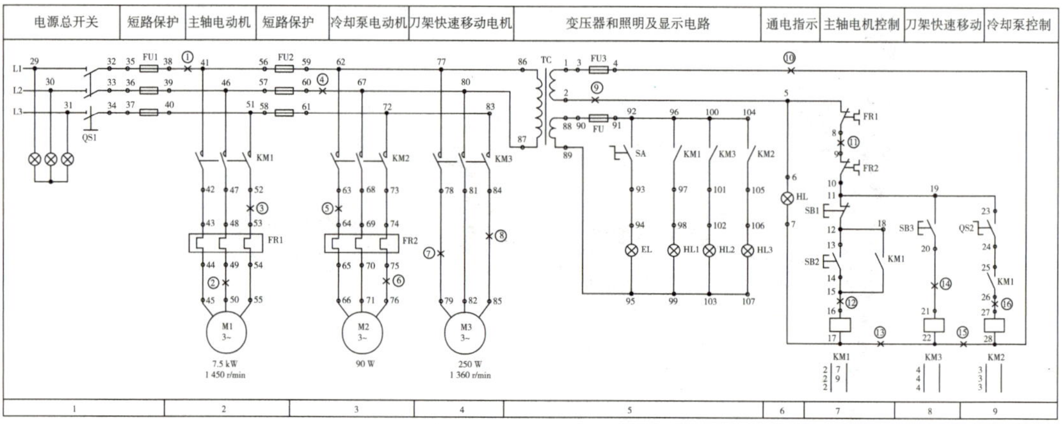

图 11-4　CA6140 车床原理图(含故障点)

3. 实训步骤

1)主电路分析

如图 11-5 所示,主电路中共有三台电动机;M1 为主轴电动机,带动主轴旋转和刀架作进给运动;M2 为冷却泵电动机;M3 为刀架快速移动电动机。三相交流电源通过转换开关 QS1 引入。主轴电动机 M1 由接触器 KM1 控制启动,热继电器 FR1 为主轴电动机 M1 的过载保护元件。冷却泵电动机 M2 由接触器 KM2 控制启动,热继电器 FR2 为它的过载保护元件。刀架快速移动电动机 M3 由接触器 KM3 控制启动。

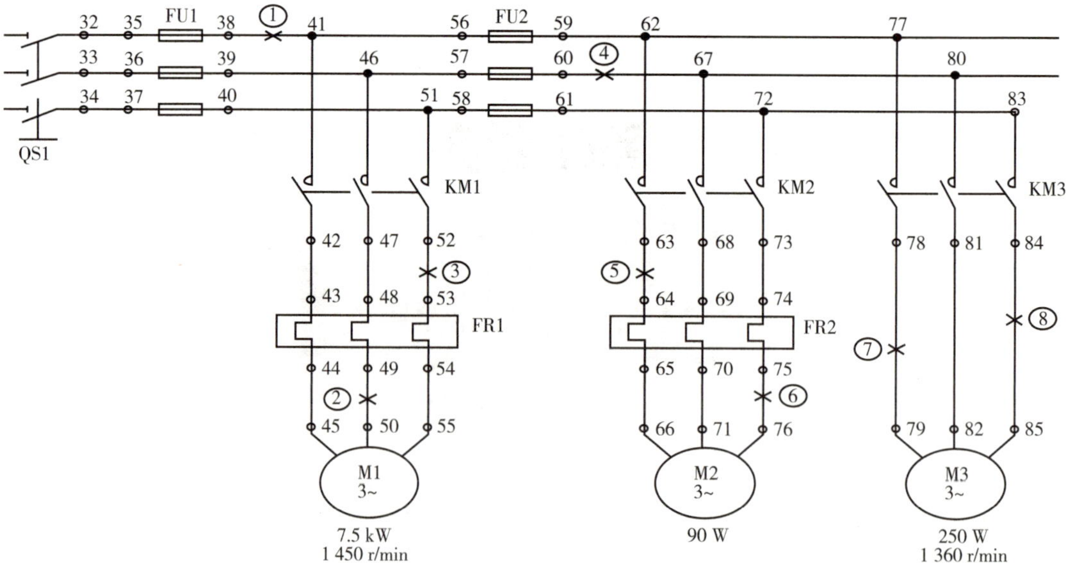

图 11-5　CA6140 主电路原理图

2)控制电路分析

控制回路的供电原理图如图 11-6 所示:三相电中的 L1(A 相),L2(B 相)经过 QS1、

FU1、FU2 后与变压器的 86、87 线号端相连，从而给变压器 TC 原边提供 AC380 的供电；变压器副边线号 1 和 2 输出 AC110 V，其中线号 1 的电路串联上 FU3 后为接触器提供控制电源；变压器副边线号 88 和 89 输出 AC36 V，其中线号 88 的电路串联上 FU3 后为指示灯提供照明电源。

BK100 控制变压器如图 11-7 所示。

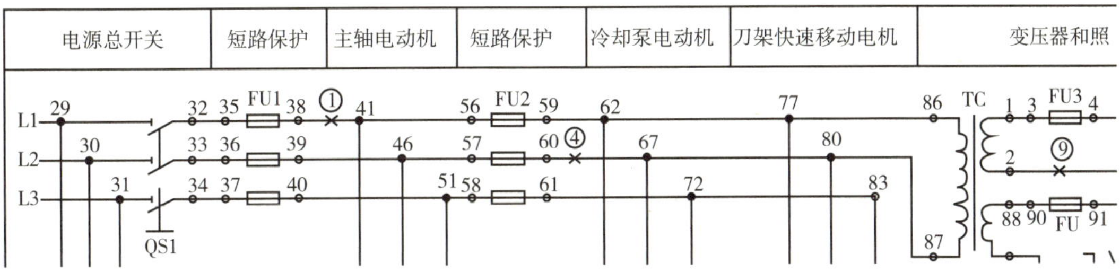

图 11-6　CA6140 控制回路供电原理图

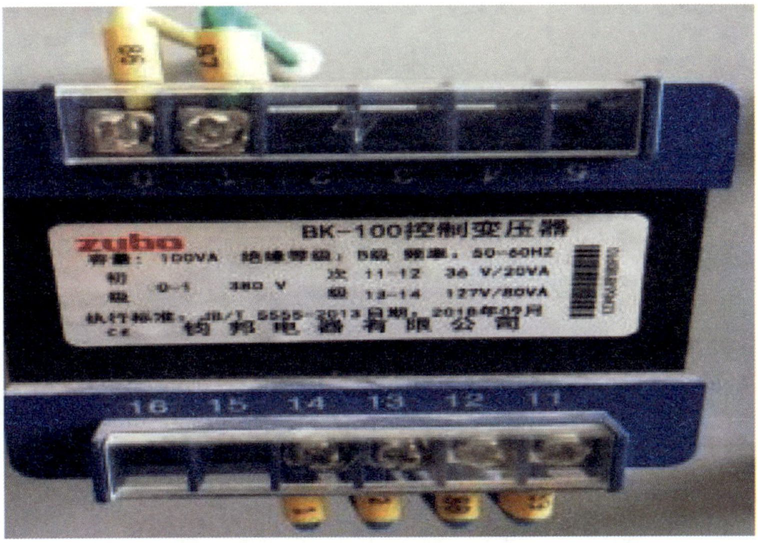

图 11-7　BK100 控制变压器

如图 11-8 所示，控制回路 AC110 V 交流电中一极线号 5，串联 FR1、FR2 常闭后作为 KM1、KM2、KM3 的控制供电 FR2_10，控制供电 FR2_10 分别与 SB1 常闭、SB2 常开、接触器 KM1 线圈相串联后，与 AC110 V 交流电中另一极 28 相连；最后再把 SB2 常开与 KM1 常开并联以实现 KM1 的自锁控制。因此，任何时候热继电器 FR1、FR2 动作时控制电路供电马上断开，整个机床停止工作。

如图 11-8 所示，控制供电 FR2_10 分别与 SB3 常开触点、KM3 线圈串联后与控制电源另外一级 28 相连，以实现 KM3 点动控制。

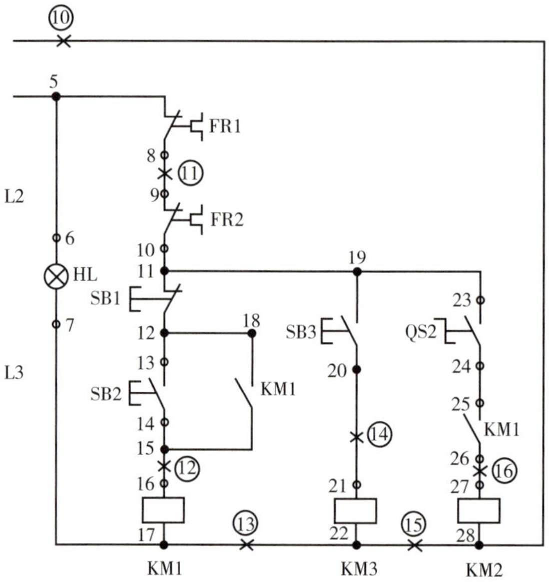

图 11-8　总控制回路原理图

如图 11-8 所示，控制供电 FR2_10 分别串联 QS2 常开触点、KM1 常开触点、KM3 线圈后与控制电源 28 另外一级相连。以实现在 KM1 接触器吸合以后，合上 QS 能直接控制 KM2 的运行。

如图 11-8 所示，电源指示灯 HL 与 KM1、KM2、KM3 组成的综合控制电路相并联，只要 HL 指示灯亮就说明 KM1、KM2、KM3 的控制回路供电正常，否则有问题。

3)主轴电动机的控制

如图 11-9 所示，按下启动按钮 SB2，接触器 KM1 线圈获电动作，其主触点闭合，主轴电机启动运行。同时，KM1 的常开自锁触点闭合，电机自锁运行。直到按下停止按钮 SB1，主轴电动机 M1 停止运行。

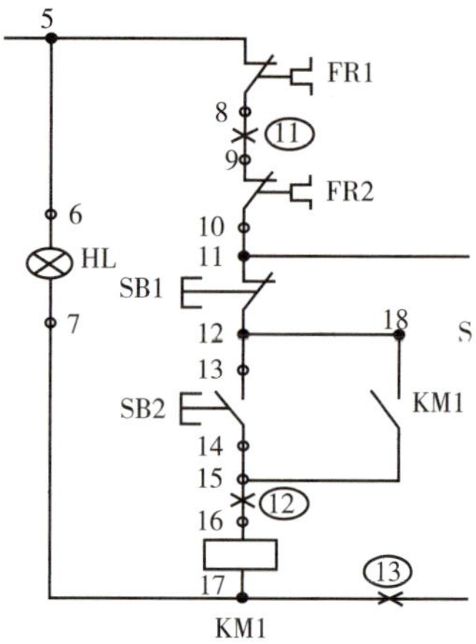

图 11-9　主轴电动机控制回路原理图

4）冷却泵电动机控制

如图 11-10 所示，如果车削加工过程中，工艺需要使用冷却液，就要合上开关 QS2，在主轴电机 M1 运转情况下，接触器 KM1 线圈获电吸合，其主触点闭合，冷却泵电动机获电而运行。由电气原理图可知，只有主轴电动机 M1 启动，冷却泵电机 M2 才有可能启动，当 M1 停止运行时，M2 也自动停止。

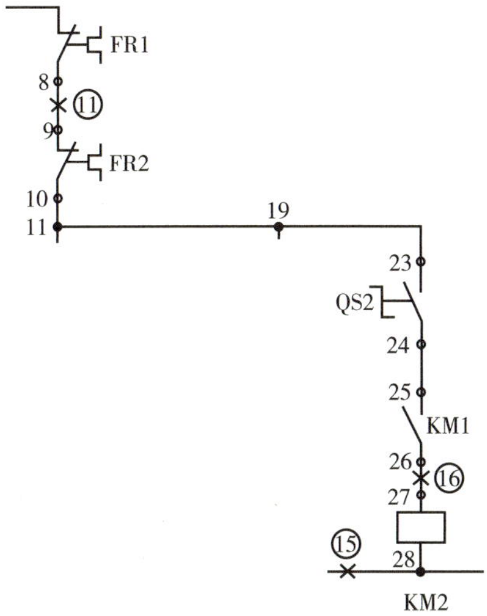

图 11-10　冷却泵电动机控制回路原理图

5）刀架快速移动电动机 M3 控制电路图

如图 11-11 所示：刀架快速移动电动机 M3 的控制回路是：FR1、FR2 热继电器常闭触点，按钮开关 SB3 常开触点，KM3 线圈相串联后组成点动控制环节。由图可知只有 FR1、FR2 正常工作后，KM3 接触器才能吸合。

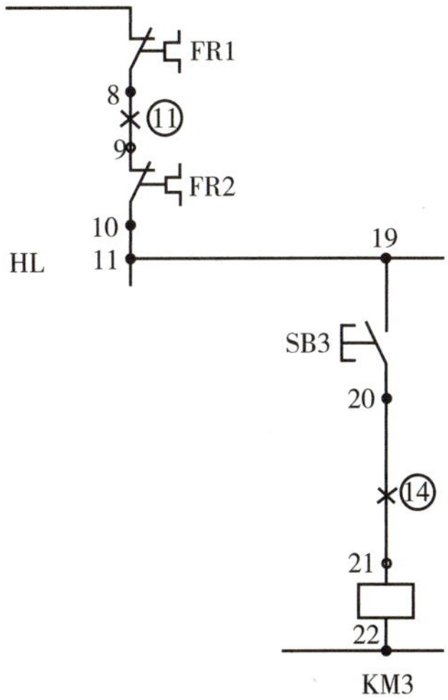

图 11-11　刀架快速移动电动机控制回路原理图

刀架快速移动电动机 M3 的主电路由三相电串联三相保险丝 FU1、FU2、KM3 的主触点后与电机 M3 相连。

6)照明、信号灯电路分析

因为机床主要由金属组成,如果信号灯或者照明灯由 AC220 V 或者 AC380 供电,再加上机床是一个震动源,很容易出现 AC220 V 或者 AC380 对机床壳体漏电的情况从而造成触电事故。所以用控制变压器 TC 把 AC380 变成 AC36 V 以下安全电压,作为机床低压照明灯和信号灯的电源会更加安全。

如图 11-12 所示:EL 为机床的低压照明灯,由开关 SA 控制;HL 为电源的信号灯。

HL 灯亮表明控制回路供电已经正常,机床已经准备好工作。

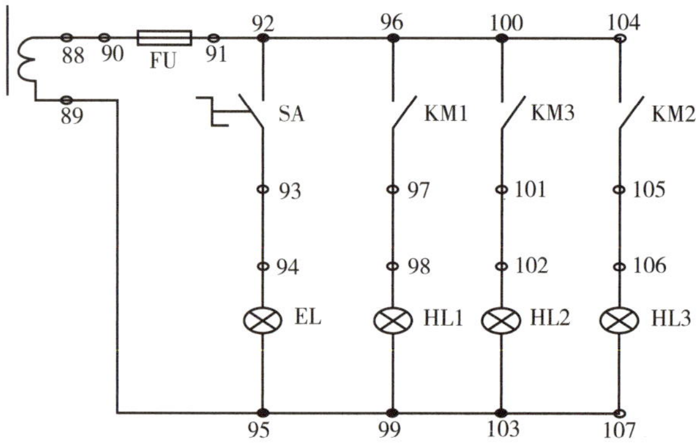

图 11-12　照明、信号灯电路原理图

4. 实训现象

本小节主要通过原理图分析,无实训现象。

【任务小结】

本任务主要目的就是分析电路的工作原理,具体如下。

(1)通过按钮开关 SB1(常闭)、SB2(常开)对 KM1 接触器的线圈进行自锁控制,从而实现利用 KM1 接触器主触点控制 M1 电机运行的目的。

(2)通过按钮开关 SB3(常开)对 KM3 接触器的线圈进行点动控制,从而实现利用 KM3 接触器主触点控制 M3 电机运行的目的。

(3)通过转换开关 QS2(常开)对 KM3 接触器的线圈进行直接运行控制,从而实现利用 KM3 接触器主触点控制 M3 电机运行的目的。

(4)通过转换开关 SA 直接对机床照明灯 EL 的亮灭进行控制。

(5)M3 冷却泵电机只有在 M1 主轴电机运行的情况下才能运行,也就是说只有在 KM1 接触器吸合的情况下,QS2 开关才起作用。

(6)电源指示灯 EL 在控制电路正常供电时都应该亮,否则检测三相保险丝 FU1、FU2、变压器 TC 相关电路。

任务二　CA6140 车床电路故障排查

【任务要求】

利用原理图和万用表对 CA6140 车床电路智能实训考核单元进行故障排查。

【实训设备】

YL-156 A 型电气安装与维修实训考核装置一套、CA6140 车床智能实训考核单元一套;亚龙智能答题器一台、数字万用表一台以及 CA6140 车床的电气控制原理图一张。

【任务内容】

1. 情景导入

王刚通过解决车床的故障,重新回想起了 YL-156 A 型电气安装与维修实训考核装置的基本工作原理以及主要元器件,深深感受到车床控制电路的重要性,下班回到宿舍后,重新找出在学校时的学习笔记和课本,重新认真对 CA6140 车床电路故障及排除进行深入学习。

2. 任务原理

CA6140 车床智能实训考核单元设置 16 个故障都是断线故障,如用数字万用表蜂鸣挡测量到线号 063 到线号 064 之间,按照原理图应该通,假如实测不通那么故障点就是 063-064,以此类推可测量出其余断线故障。

3. 实训步骤

第一步,从供电柱上分别引快速接头线到考核单元供电端,如图 11-13 所示。

图 11-13　实训装置供电端

先用快速接头线一边与供电端相连,供电为三相五线制供电,黄色为 U 相,绿色为 V 相,红色为 W 相,蓝色为零线,黑色为地线。再用快速接头线另一边与考核单元供电端相连,如图 11-14 所示。

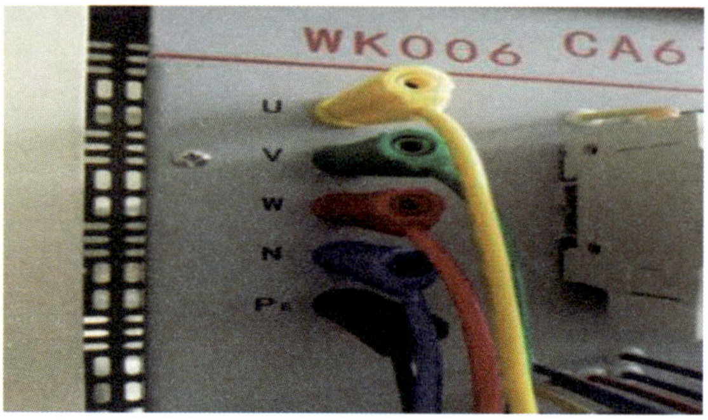

图 11-14　实训板供电端

第二步,先用扁平电缆板把考核单元侧边通信口连接上,再用扁平电缆板与答题器接口相连接。实训板通信口如图 11-15 所示,答题器通信口如图 11-16 所示。

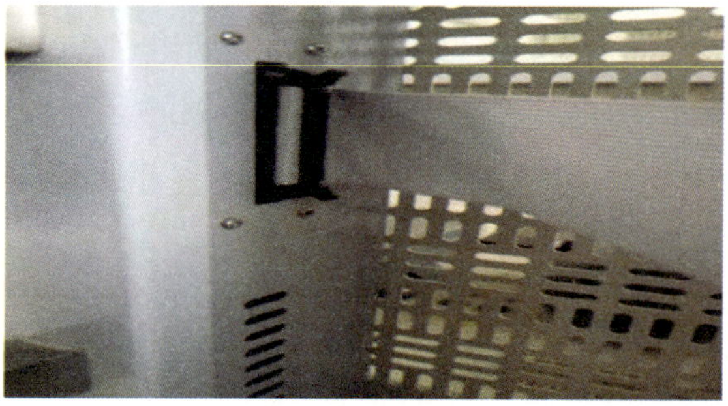

图 11-15　实训板通信口

图 11-16　答题器通信口

第三步，连接答题器电源接口与网线接口，如图 11-17 所示。

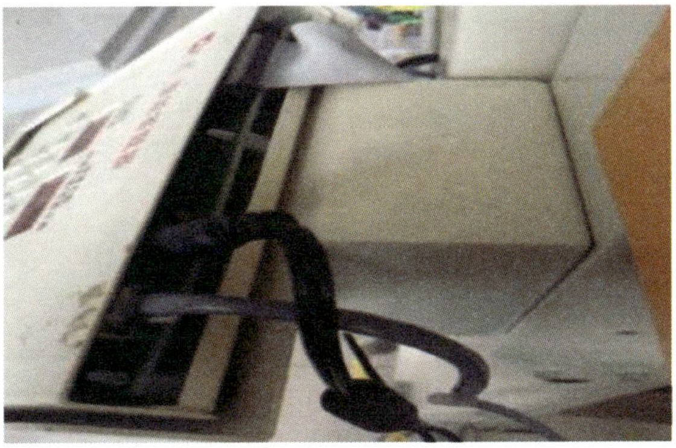

图 11-17　答题器电源接口与网线接口

第四步，给答题器通上电源，如图 11-18 所示。

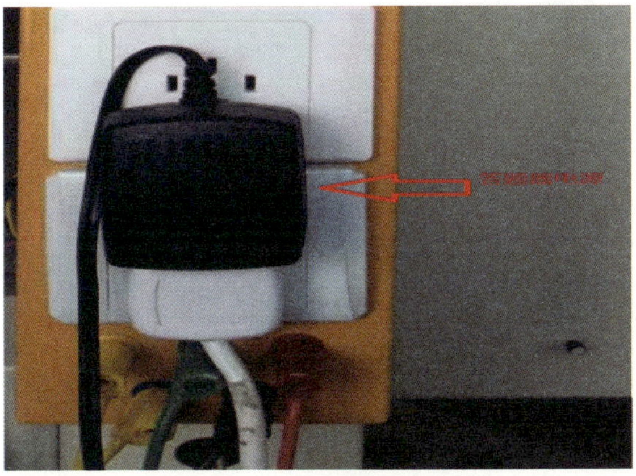

图 11-18　供电柱插座电源

第五步，合上供电柱上三相总开关和三相分开关，如图 11-19 所示。

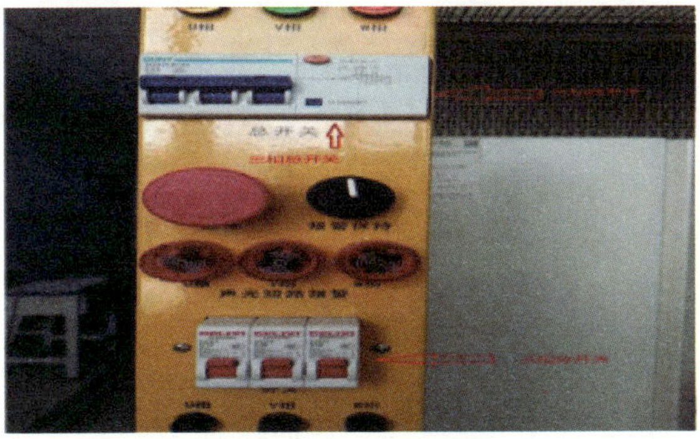

图 11-19　供电柱电源开关

第六步，合上考核单元上的QS1开关，如图11-20所示。

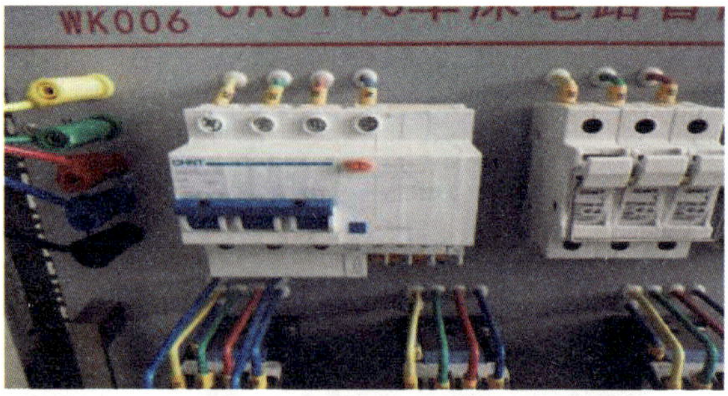

图11-20 实训板总开关

第七步，通电后考核单元正常状态，如图11-21所示。

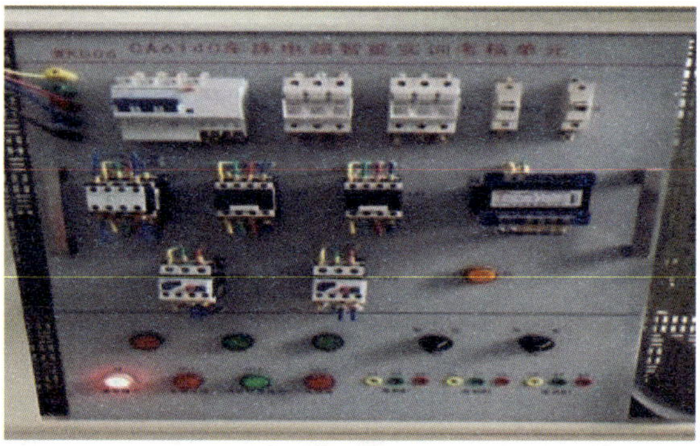

图11-21 实训板通电后正常显示

第八步，当考核电脑发出考核指令后答题器显示如图11-22所示，此后考核单元出现故障状态！

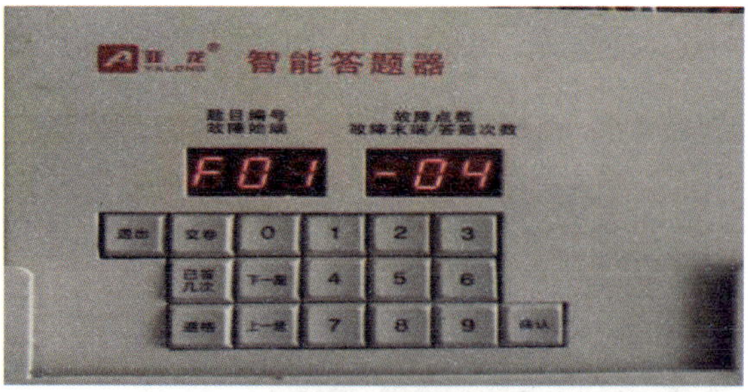

图11-22 答题器接受考试命令后正常显示

第九步，由于全部故障均为断线故障，所以我们可以用万用表蜂鸣挡检测故障。

（1）把万用表打在蜂鸣挡。利用红黑表笔接通就会鸣叫的特点来判断一条线路的通和断，如图11-23所示。

（2）把 QS1 开关断开，如图 11-24 所示。

图 11-23　数字万用表打到蜂鸣挡后正常显示

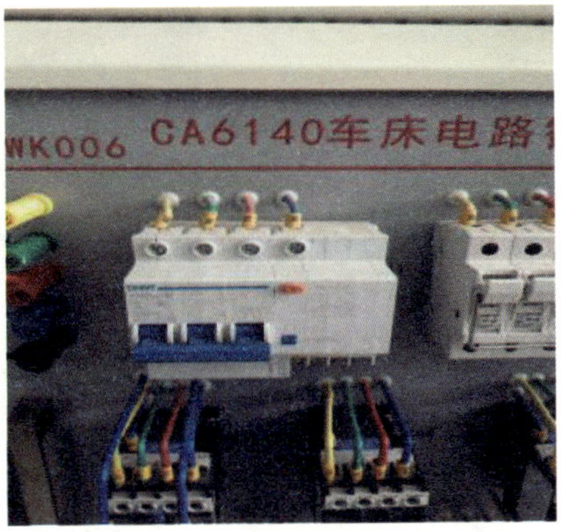

图 11-24　关掉实训板总开关

第十步，从以下实训开始拿出总原理图与考核单元实物进行对比，分别进行以下检测。如果检测时蜂鸣器响说明线路正常，不用记录，如果蜂鸣器不响则说明线路断开，此时记下故障点起始线号、末端线号，在以后答题时有用！

第一检测 QS1 → FU1。①检测 QS1-32 号→ FU1-35 号（表示：黑表笔放在 QS 开关中线号为 32 号的接线端，红表笔放在 FU1 三相保险丝中线号为 35 的接线端。以下类同）。如果不通，记下 32-35 线号！否则不记，以下作相同操作。②检测 QS1-33 号→ FU1-36 号；③检测 QS1-34 号→ FU1-37 号，如图 11-25 所示。

图 11-25　检测 QS1 到 FU1 线路

第二检测 FU1 → KM1。①检测 FU1-38 号→ KM1-41 号；②检测 FU1-39 号→ KM1-46 号；③检测 FU1-40 号→ KM1-51 号，如图 11-26 所示。

图 11-26　检测 FU1 到 KM1 线路

第三检测 KM1 → FR1。①检测 KM1-42 → FR1-43 号;②检测 KM1-47 → FR1-48 号;③检测 KM1-52 → FR1-53 号,如图 11-27 所示。

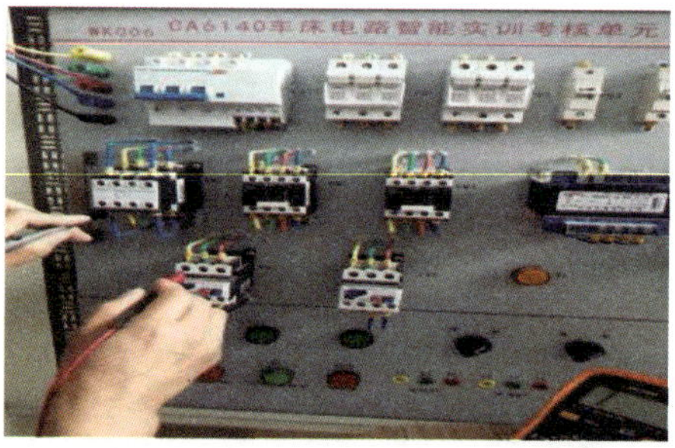

图 11-27　检测 KM1 到 FR1 线路

第四检测 FR1 → M1。①检测 FR1-44 号→ M1-44 号;②检测 FR1-39 号→ M1-50 号;③检测 FR1-54 号→ M1-55 号,如图 11-28 所示。

图 11-28　检测 FR1 到 M1 线路

第五检测。根据对主轴电机 M1 主回路的检测，同样可以对冷却泵 M2、刀架快速移动电机 M3 的主回路进行检测。

（1）检测 FU1 → FU2；

（2）检测 FU2 → KM2；

（3）检测 KM2 → FR2；

（4）检测 FR2 → M2；

（5）检测 FU2 → KM3；

（6）检测 KM3 → M3。

同时必须记下故障点起始线号、末端线号，在以后答题时有用。

第六检测。使用同样的方法对控制回路进行检测。

检测保险丝 FU2 → 变压器 TC，如图 11-29 所示。

（1）检测 FU2-59 → TC-86；

（2）检测 FU2-60 → TC-87。

图 11-29　检测 FU2 到 TC 线路

第七检测。控制变压器 TC 输出 AC110 回路检测。

（1）检测 TC-1 → FU3-3，如图 11-30 所示。如果不通，记录下：001-003。

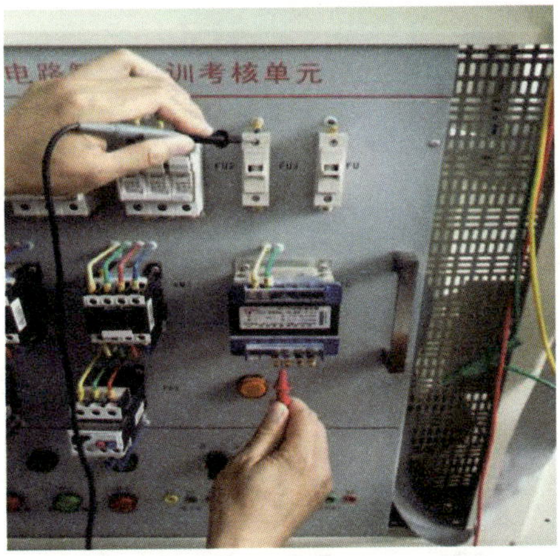

图 11-30　检测 TC 到 FU3 线路

(2)检测 FU3-4 → KM1-28,如图 11-31 所示。如果不通,记录下:004-028。

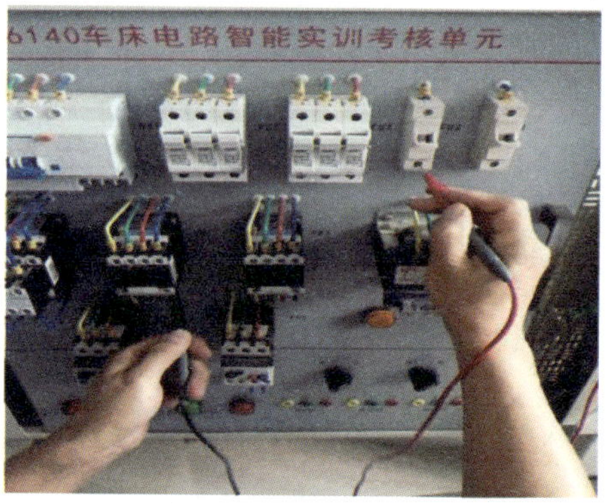

图 11-31　检测 FU3 到 KM1 线路

(3)检测 KM2-28 → KM3-22,如图 11-32 所示。如果不通,记录下:028-022。

图 11-32　检测 KM2 到 KM3 线路

(4)检测 KM3-22 → KM1-17,如图 11-33 所示。如果不通,记录下:022-017 。

图 11-33　检测 KM3 到 KM1 线路

（5）检测 TC-2 → FR1-5，如图 11-34 所示 。如果不通，记录下：002-005。

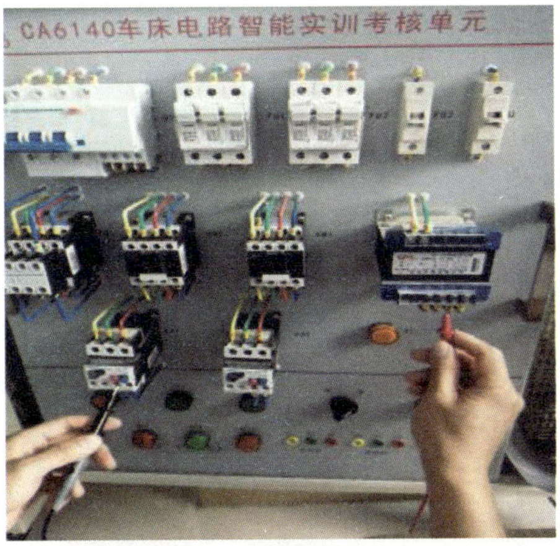

图 11-34　检测 TC 到 FR1 线路

（6）检测 FR1-8 → FR2-9，如图 11-35 所示。 如果不通，记录下：008-009。

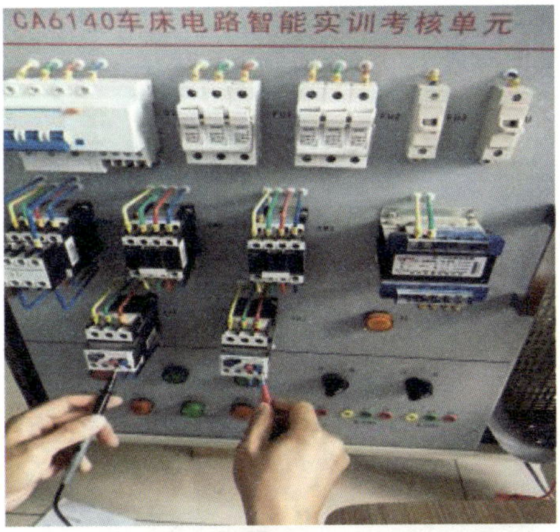

图 11-35　检测 FR1 到 FR2 线路

（7）检测 FR2-10 → KM1-16 时应同时按下 SB2 按钮开关，如图 11-36 所示。如果不通，记录下：010-016 。

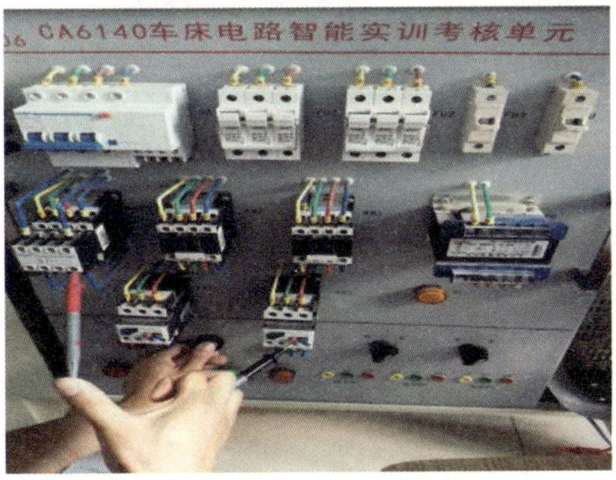

图 11-36　检测 FR2 到 KM1 线路

（8）检测 FR2-10 → KM3-21 时应该同时按下 SB3，通则正常，否则故障，如图 11-37 所示。如果不通，记录下：010-021。

图 11-37　检测 FR2 到 KM3 线路 1

（9）先把 SA 打开（图 11-38），再检测 FR2-10 → KM3-21，如图 11-39 所示。如果不通，记录下：010-021。

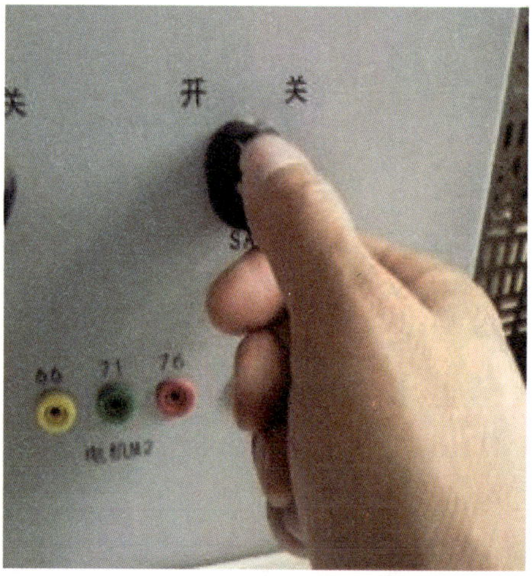

图 11-38　操作 SA 开关

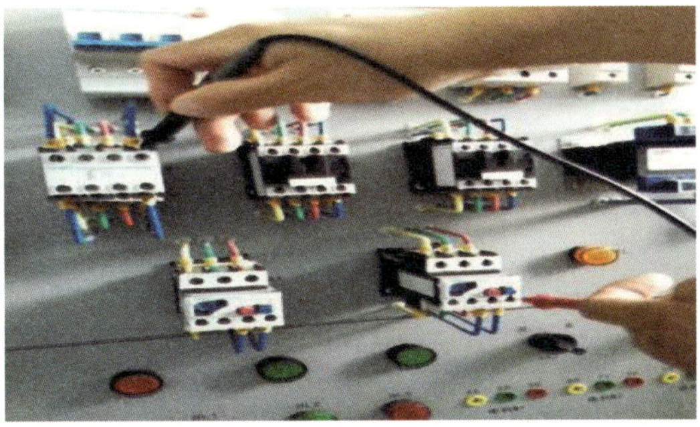

图 11-39　检测 FR2 到 KM3 线路 2

【任务小结】

本任务主要用电阻法来排除电路故障。

电阻法的特点是安全，在断电的情况下，通过对一条线路的通或者断来判断一个线路的好和坏，对故障的排除比较直接和安全，所以本任务采用电阻法排除故障。

使用电压法和电流法来排除故障也要学会，只不过这两种方法排除故障时风险比较大，一般只适合较为熟练的学生学习。

任务三　亚龙智能答题器的使用

【任务要求】

根据 CA6140 原理图查找车床智能实训考核单元中的故障，如线号 52 到线号 53 之间出现断路，然后在答题器中故障始端输入 53，故障末端输入 54，而后按下确定键开始下一个故障排除，这样就能排除一个故障。以此类推排除其他故障！最后按“交卷”按钮交卷。

【实训设备】

YL-156 A 型电气安装与维修实训考核装置一套、CA6140 车床智能实训考核单元一套、亚龙智能答题器一台、教师电脑一台以及考试软件一套。

【任务内容】

1. 情景导入

王刚通过重新学习 CA6140 车床电路故障及排除，对 CA6140 车床电路有了深入了解，为了能够更好地适应企业发展，更好地适应岗位，更好地进行机床检修维护保养，又深入学习智能答题器工作原理及应用。

2. 任务原理

首先每台考核实训板与相应答题器相连，多个答题器通过网线、交换机与教师计算机相连。这样计算机中考试软件就可以控制所有设备并接收所有设备信息，如图 11-40 所示。

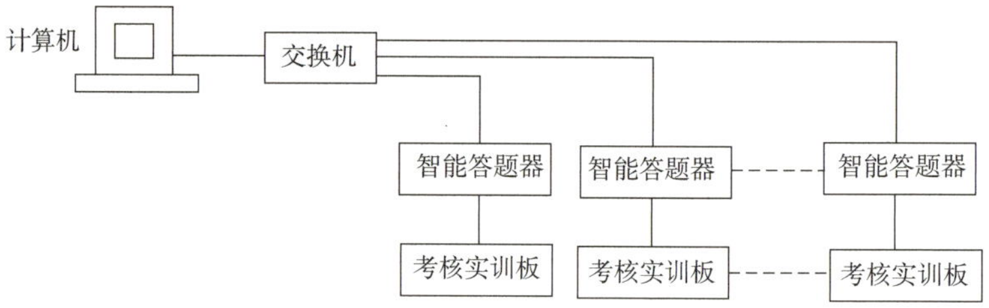

图 11-40　智能答题器与教师用计算机网络图

3. 实训步骤

假设王刚在任务二中发现以下四个故障点：②：049-050；⑤：063-064；⑧：084-085；⑪：008-009。（注：②⑤⑧⑪ 为故障原理图中故障号码）

第一步输入②：049-050。②号故障点：先输入 049，再输入 050，最后按确认键后显示“F01-03”，此时就可以输入下一个故障点，如图 11-41 所示。

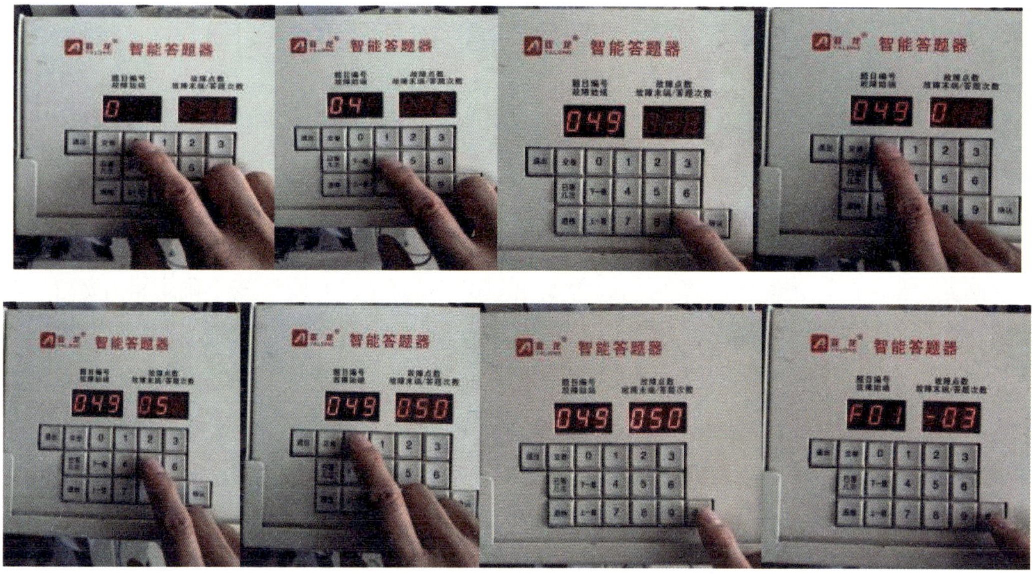

图 11-41　智能答题器输入 049-050 线号

第二步输入⑤：063-064。⑤号故障点先输入 063，再输入 064，最后按确认键后显示“F01-02”，此时就可以输入下一个故障点，如图 11-42 所示。

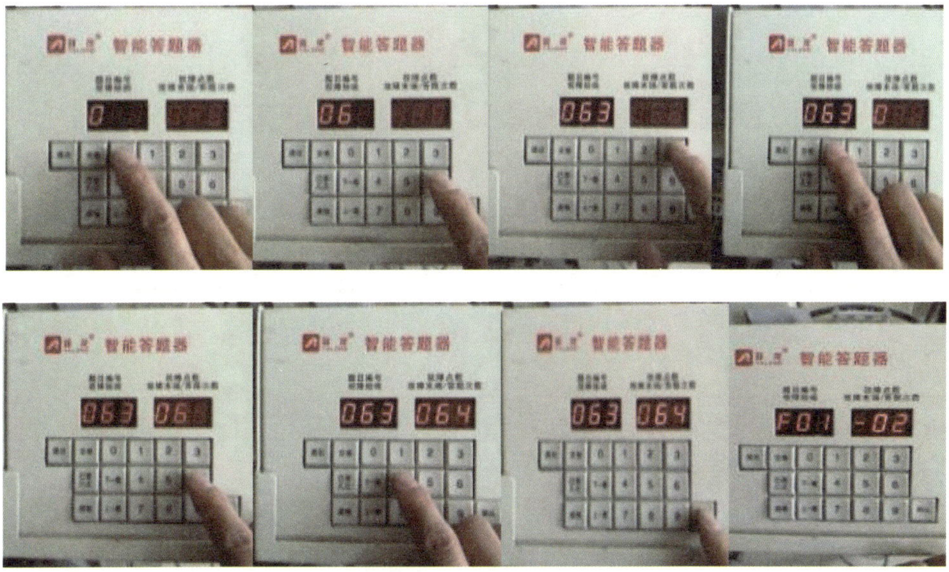

图 11-42　智能答题器输入 063-064 线号

第三步输入⑧：084-085。⑧号故障点，先输入 084，再输入 085，最后按确认键后显示“F01-01”，此时就可以输入下一个故障点，如图 11-43 所示。

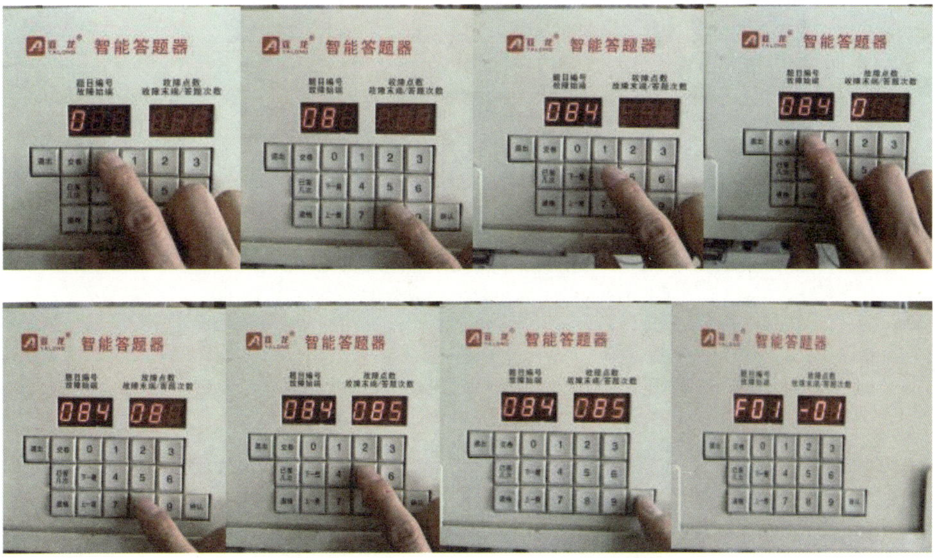

图 11-43　智能答题器输入 084-085 线号

第四步输入 ⑪：008-009。⑪ 号故障点，先输入 008，再输入 009，最后按确认键后显示“F01-00”，此时表示所有故障已经排除，如图 11-44 所示。

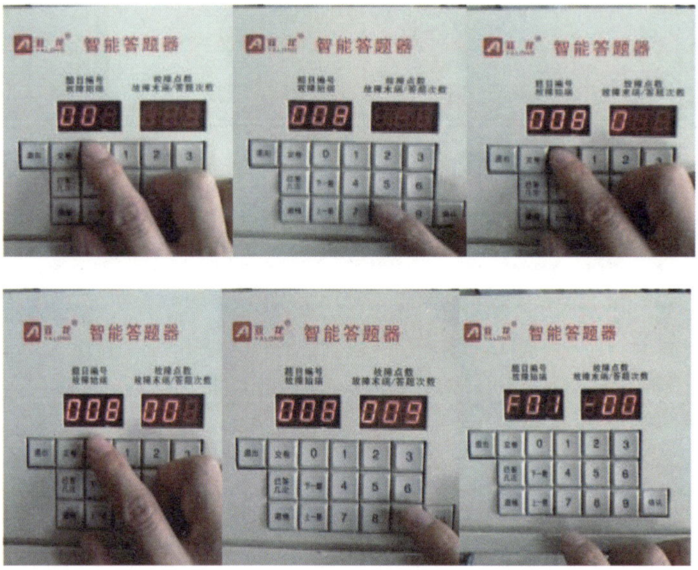

图 11-44　智能答题器输入 008-009 线号

第五步确认交卷。先按交卷按钮，显示“UP-”，再按确认键，上交成功，如图 11-45 所示。

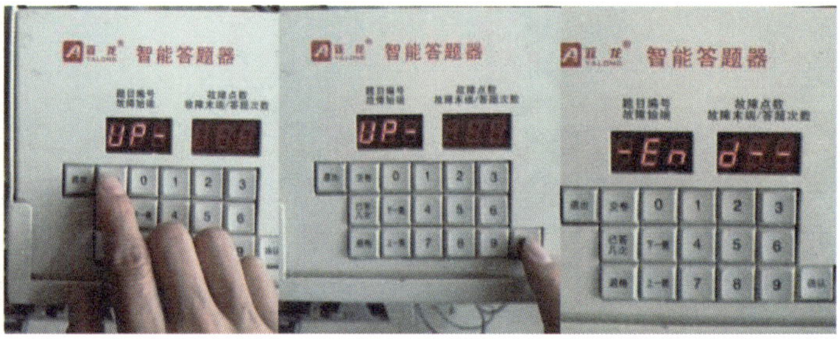

图 11-45　智能答题器确认交卷

4. 实训现象

（1）在确认交卷后，合上 QS1 开关，如图 11-46 所示。

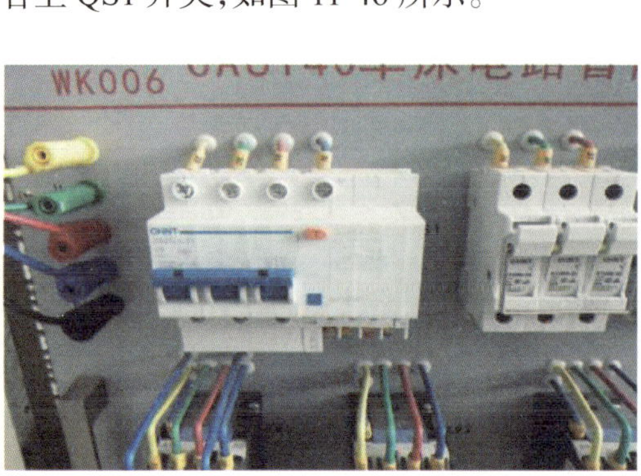

图 11-46　合上电源总开关

正常应该出现电源指示灯亮，如图 11-47 所示。

图 11-47　合上电源开关正常显示

（2）把开关 SA 打向开时，EL 灯应该亮，如图 11-48 所示。

图 11-48　合上 SA 开关正常显示

（3）按下 SB2 开关 HL1 灯应该亮，把 QS2 开关打向开，HL3 灯应该亮，如图 11-49 所示。

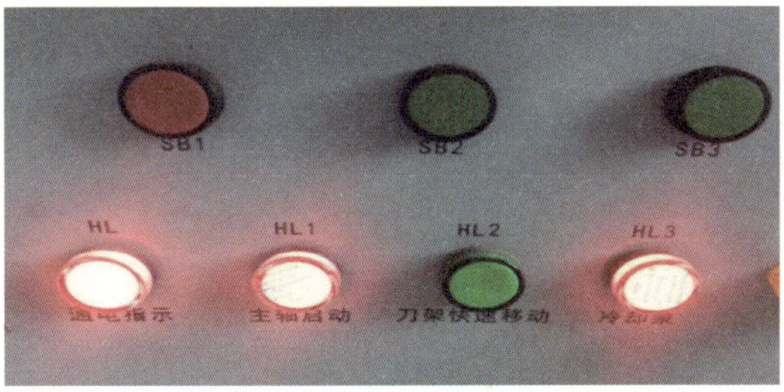

图 11-49　合上 QS2 开关按下 SB2 开关正常显示

（4）按下 SB3 时 HL2 灯应该亮，如图 11-50 所示。

图 11-50　按下 SB3 开关正常显示

（5）至此所有故障排除。

【任务小结】

使用答题器时应该特别注意，按键应该果断、迅速，千万不可以拖泥带水，因为按键时间一长答题器就会跳出多个字符，使输入的答案错误。另外，如图 11-51 所示，特别地，故障代码①处，起始应该是 38-41，而不是 38-56，显然故障处起始端线号到末端线号遵循从左到右，从近到远的原则。

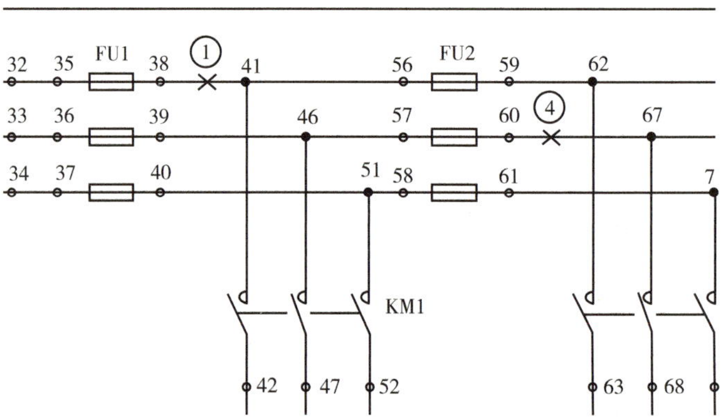

图 11-51　FU1-FU2 原理图

项目十二

三菱 PLC 控制三相交流异步电动机

项目名称	三菱 PLC 控制三相交流异步电动机
教学目标	知识目标 掌握三菱 GX-WORK2 的使用方法。 技能目标 通过“启、保、停”控制程序，“电机正反转”控制程序，让同学们掌握以下技能：可以根据电气原理图进行梯形图程序的编写；学会使用 GX-WORK2 软件的基本功能；可以使用 GX-WORK2 软件驱动电机。 情感目标 问题解决：面对程序调试中的问题，培养分析问题、解决问题的能力，锻炼逻辑思维和耐心。实践创新：鼓励学生在实验基础上，探索和尝试不同的控制逻辑，激发创新思维。 思政目标 规范操作：在实验操作过程中，强化遵守实验规程和安全规范的意识，培养严谨的科学态度。责任意识：通过实验，让学生认识到自动化控制在工业生产中的重要性，增强对社会生产的责任感
教学重点	GX-WORK2 软件的使用方法
教学难点	如何利用 GX-WORK2 进行现场设备的驱动
教学方法	讲授法、情景教学法、项目教学法
学习方法	实验法、自主学习法、探究学习法
项目导读	在电机拖动课程学习中，同学们学习了很多利用继电器对电机进行控制的方法，但缺点是电机的启停都需要人工在设备现场进行操作，有没有办法可以对设备进行远程的操作控制，或自动控制呢？现在就让我们一探究竟
项目任务	任务一　三菱 PLC 控制电动机启停
	任务二　三菱 PLC 控制电动机正反转

任务一　三菱 PLC 控制电动机启停

【任务要求】

能够根据电路图进行编程。

【实训设备】

电脑、PLC、GX-WORK2 软件、下载线、按钮开关。

【任务内容】

1. 情景导入

在企业课程期间，王刚接触到了很多机电设备，发现很多的设备是可以通过中控室来进行控制的，不需要像传统工厂那样一定要到设备的旁边，通过操作箱进行控制。通过查阅资料，王刚认识到：企业在不断转型升级，自动化、智能化设备不断应用于各种生产型企业，而且大多数设备都是通过 PLC 来进行自动化控制的。王刚深深认识到 PLC 的重要性，那么 PLC 应该如何使用呢？王刚带着这个问题向师傅请教，师傅边操作着设备边说："任何复杂自动控制的底层逻辑都来自继电控制逻辑，要搞懂这个问题我们还是要先看原理图。"

2. 任务原理

"启、保、停"电路工作原理（图 12-1）：按下启动按钮 SB2，KM 得电，设备连续运行。按下停止按钮 SB1，KM 失电，设备停止运行。

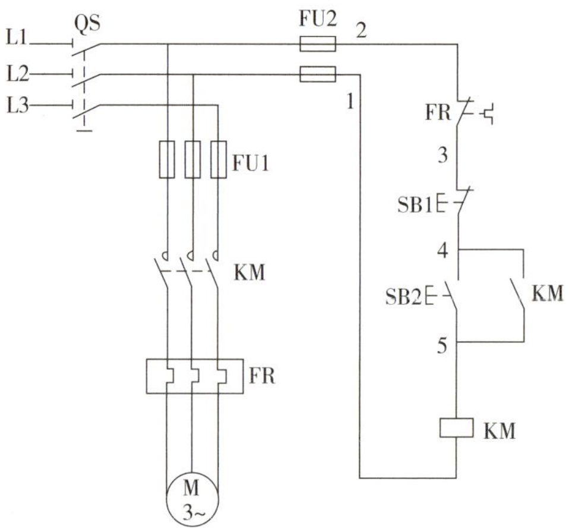

图 12-1　"启、保、停"电路原理图

3. 实训步骤

1)识图和设备功能介绍

拿到原理图后首先进行图纸分析,通过分析识图,了解图纸的控制工艺要求是什么。

在实验之初,要介绍 PLC 的原理和功能,以及如何使用 PLC 对设备进行操作。

2)PLC 硬件介绍

PLC 硬件选用的是三菱 FX3U-48M,如图 12-2 所示。

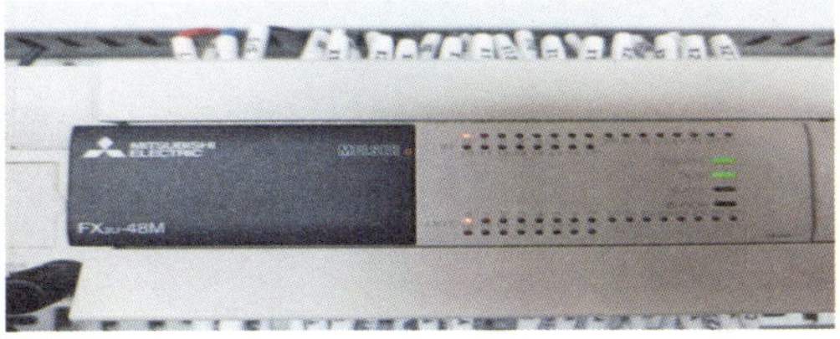

图 12-2 三菱 FX3U-48M

FX3U 系列 PLC 是三菱公司开发的小型 PLC,在工业生产之中使用较为广泛,48M 所代表的是 DI 和 DO 的点位数量,DI+DO=48 个点位。

可以从 PLC 的侧面铭牌了解 PLC 的类型(继电器或晶体管)、工作电压和输出电压,见图 12-3。

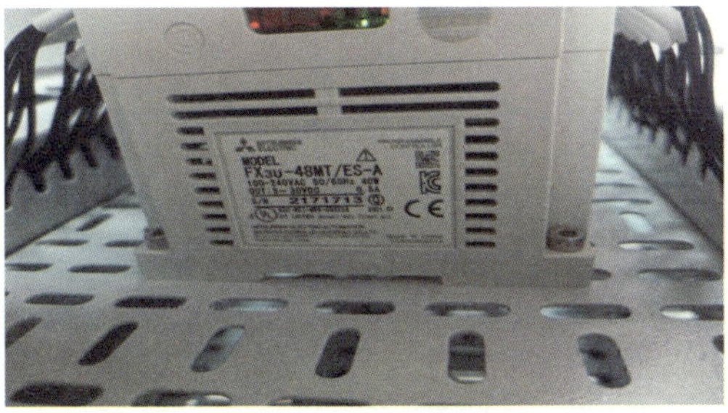

图 12-3 PLC 铭牌

PLC 接上电源线后需要将启动开关由"STOP"切换到"RUN",见图 12-4。

图 12-4 PLC 开关

当 PLC 通上电源,且开关切换到“RUN”后,机壳上的“POWER”和“RUN”指示灯亮起,说明 PLC 已处于正常工作状态,见图 12-5。

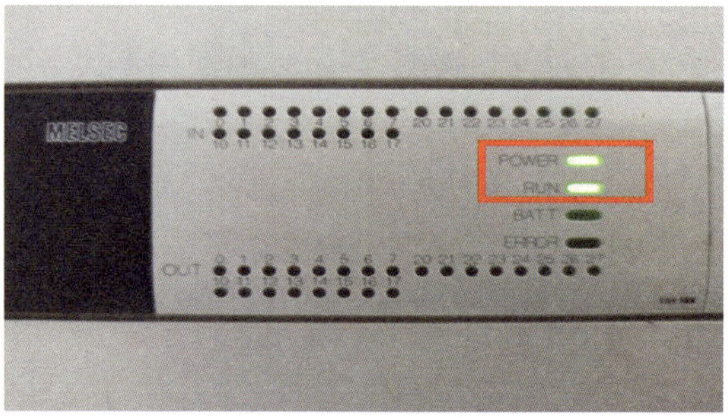

图 12-5　PLC 运行指示灯

注意:如使用过程中“ERROR”灯亮起,说明出现了系统性故障,需要排除故障后才能继续工作。

3)软件使用介绍

(1)软件启动。双击桌面图标,启动软件。

(2)硬件配置选择。进入 GX-WORK2 软件后,首先点击“新建工程”图标,选项配置见图 12-6。

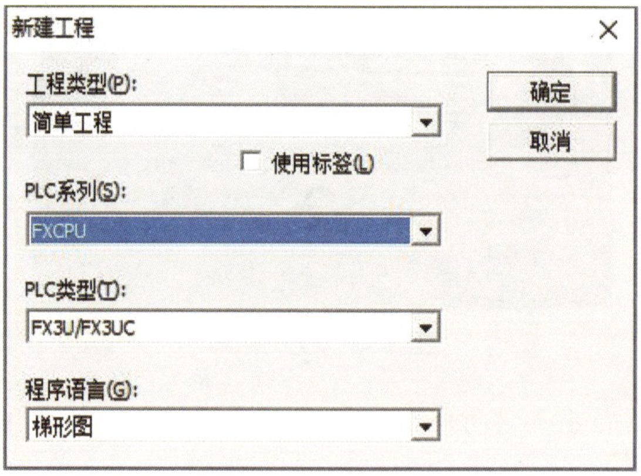

图 12-6　型号选择

工程类型:选择“简单工程”。

PLC 系列:选择“FXCPU”。

PLC 类型:选择“FX3U/FX3UC”。

程序语言:选择“梯形图”。

完成配置后点击“确定”,即进入编程界面,见图 12-7。

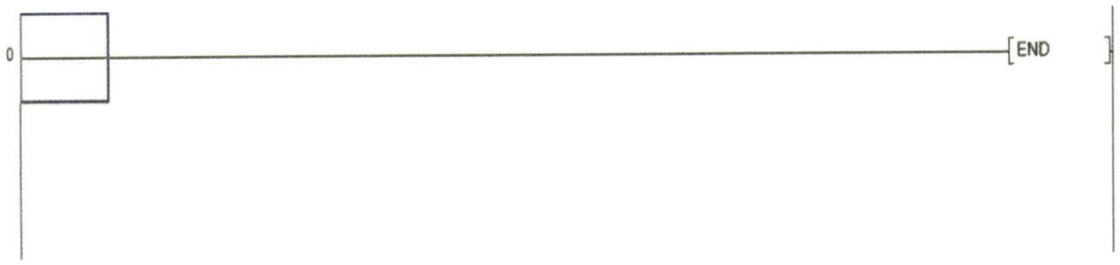

图 12-7　编程界面

(3)梯形图编程。进入编程界面后,根据“启、保、停”电路图进行梯形图编程。点击“常开”触点按钮,并在地址栏填入地址“X0”,见图 12-8。

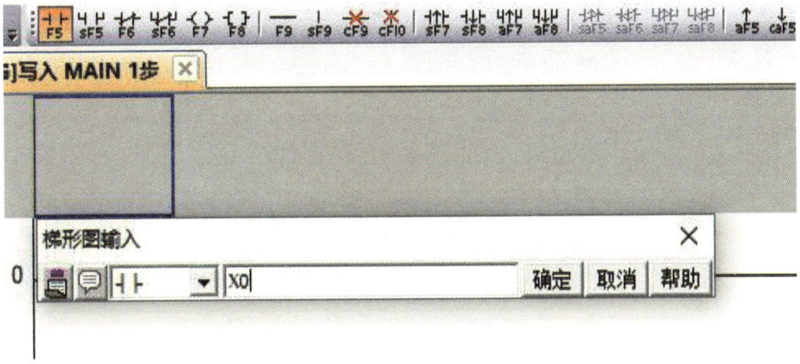

图 12-8　常开接点输入

完成后点击“确认”,完成第一个常开接点的输入,见图 12-9。

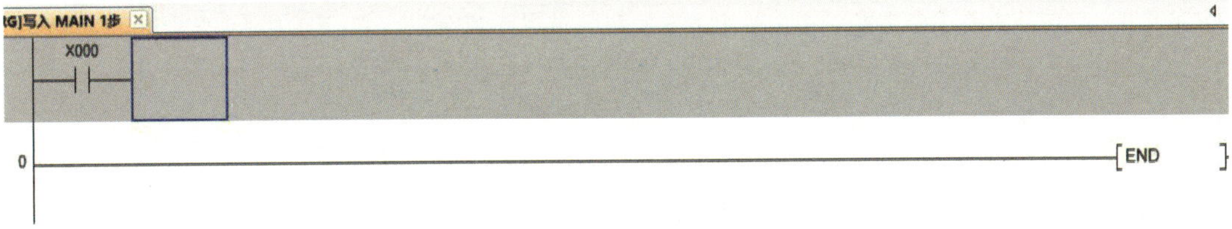

图 12-9　常开接点输入完成

点击“常闭”触点按钮,并在地址栏填入地址“X1”,见图 12-10。

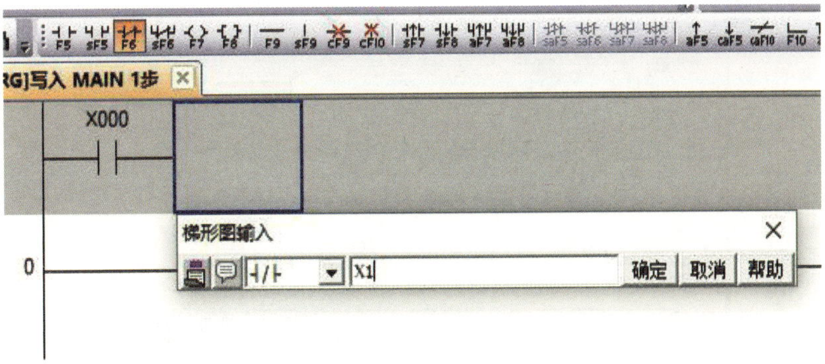

图 12-10　常闭接点输入

完成后点击“确认”，完成常闭接点的输入，见图 12-11。

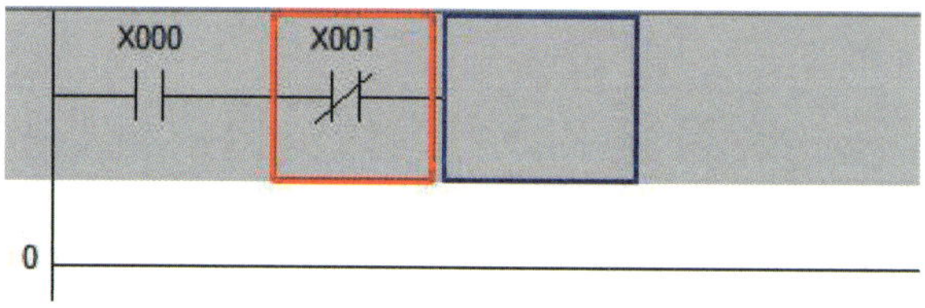

图 12-11　常闭接点输入完成

点击“线圈”触点按钮，并在地址栏填入地址“Y0”，见图 12-12。

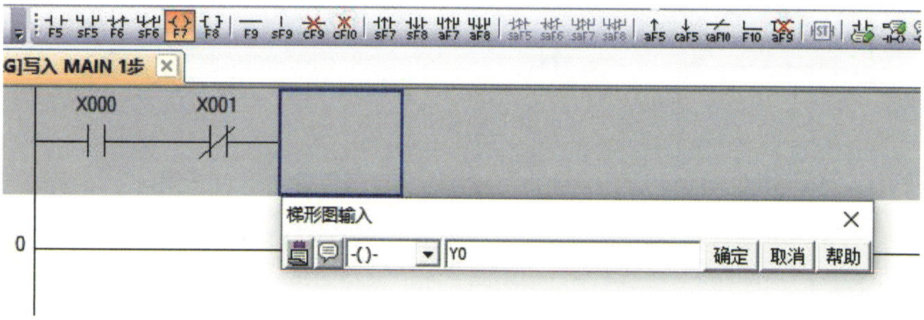

图 12-12　输入线圈

完成后点击“确认”，完成线圈的输入，见图 12-13。

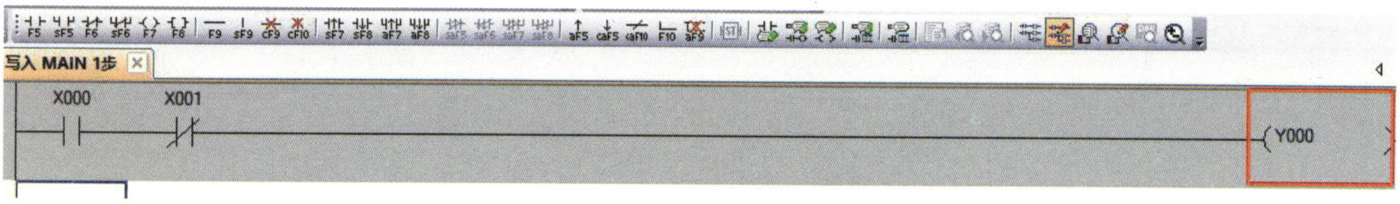

图 12-13　线圈输入完成

点击“常开并联”触点按钮，并在地址栏填入地址“Y0”，见图 12-14。

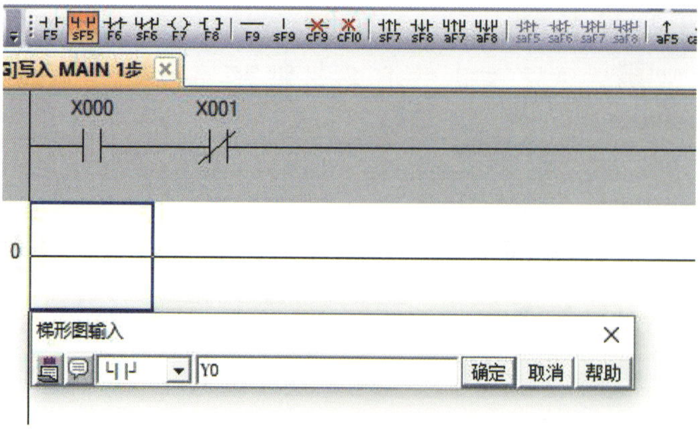

图 12-14　并联支路输入

完成后点击“确认”,并联常开点的输入,使梯形图具有自锁功能,见图 12-15。

图 12-15　自锁功能完成

完成编程后点击 变换/编译(C) “变换/编译”,系统将自动检查程序的系统性错误。

备注:此项检测只针对系统性错误,并不能对程序编写错误进行检查,程序是否按照设计执行需要由程序调试来验证。

如程序编译后没有错误,界面将由灰色变为白色,见图 12-16。

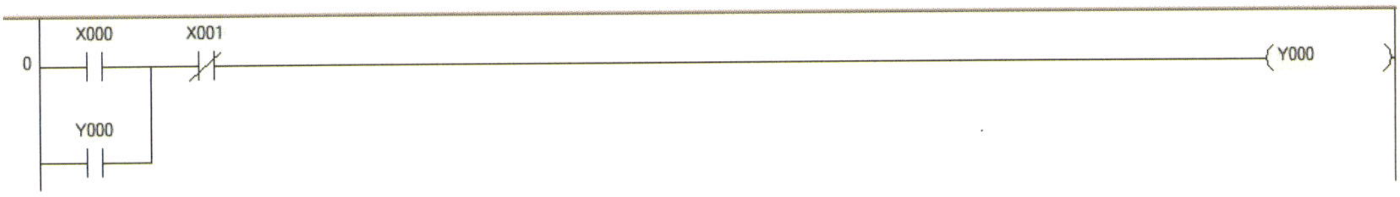

图 12-16　完成编译

完成编译后便可以将下载线与电脑连接,见图 12-17。

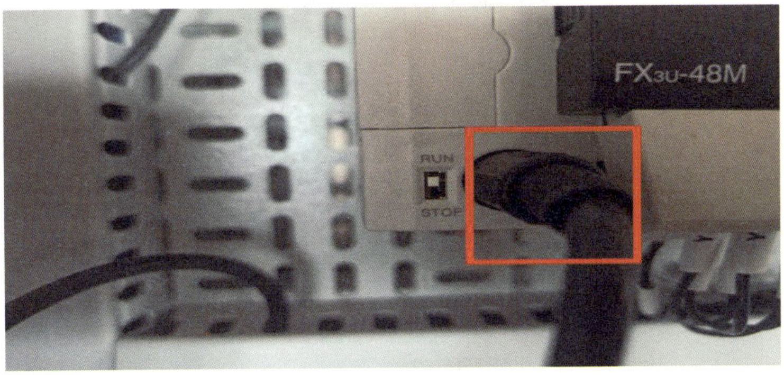

图 12-17　插入下载线

完成下载线的连接后,便可以点击 “PLC 写入”,进行程序的下载。点击“执行”后完成程序的下载,下载界面见图 12-18。

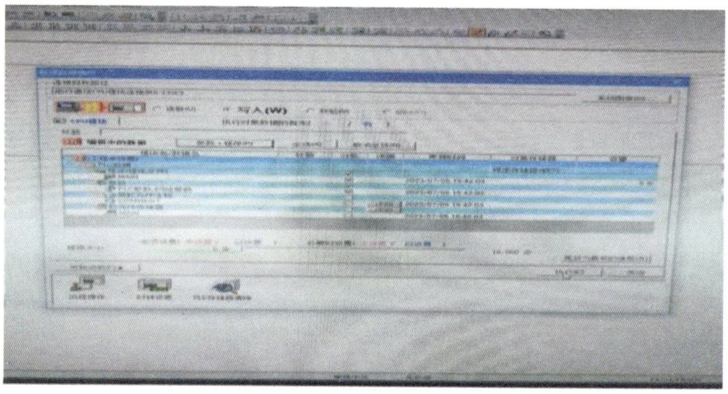

图 12-18　程序下载界面

完成程序下载后便可点击“监视开始”对整个程序的情况进行监视，便于后续的程序调试，程序监视窗口见图 12-19。

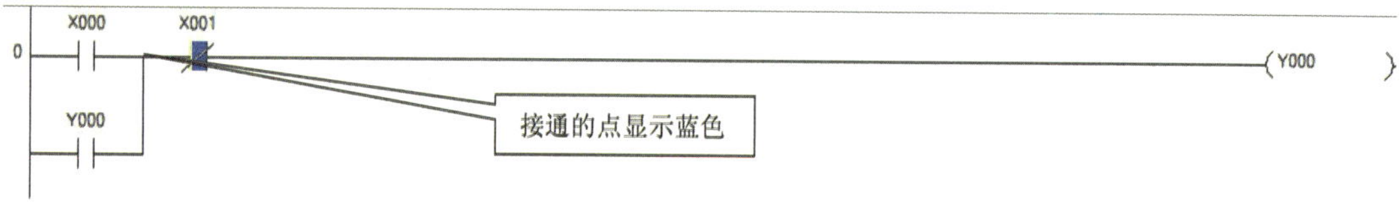

图 12-19　监控界面

按下与“X0”相连接的按钮，见图 12-20。

图 12-20　按下按钮

按下按钮后“X0”接通，导致“Y0”得电，见图 12-21。

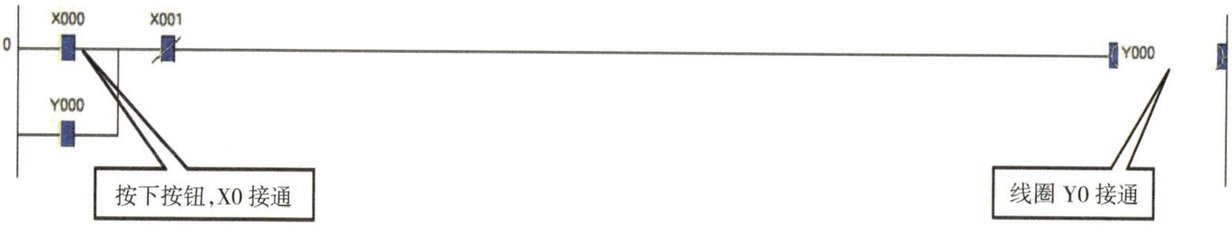

图 12-21　得电效果

最后，按下与“X1”相连接的按钮，程序中的“X1”失电，导致线圈“Y0”失电，见图 12-22。

图 12-22　失电效果

（4）注释的使用方法。为提高调试时的工作效率，且在程序较为复杂时保持思路的清晰，可以对程序进行注释，提高程序的可读性。

点击指令输入按钮后，输入地址，并点击注释按钮，按下“确定”按钮，开启注释功能，见图 12-23。

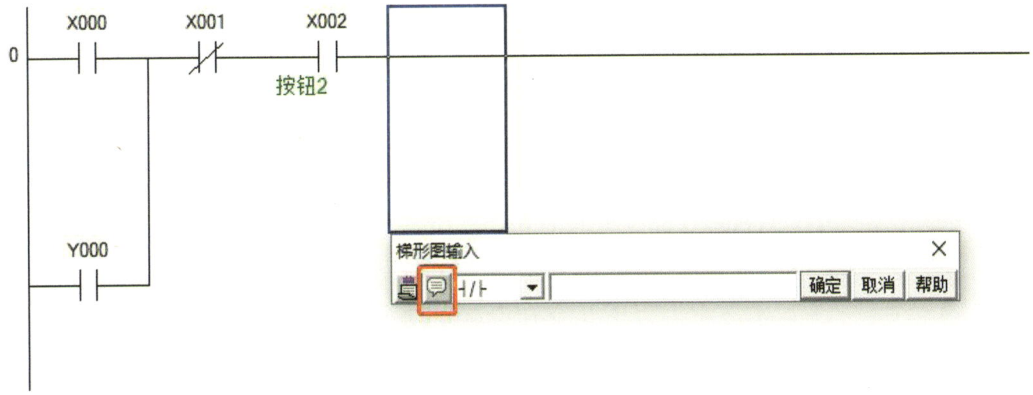

图 12-23　注释界面

点击“确定”后，在注释框输入注释的内容，再次点击“确定”按钮，完成点位注释，见图 12-24。

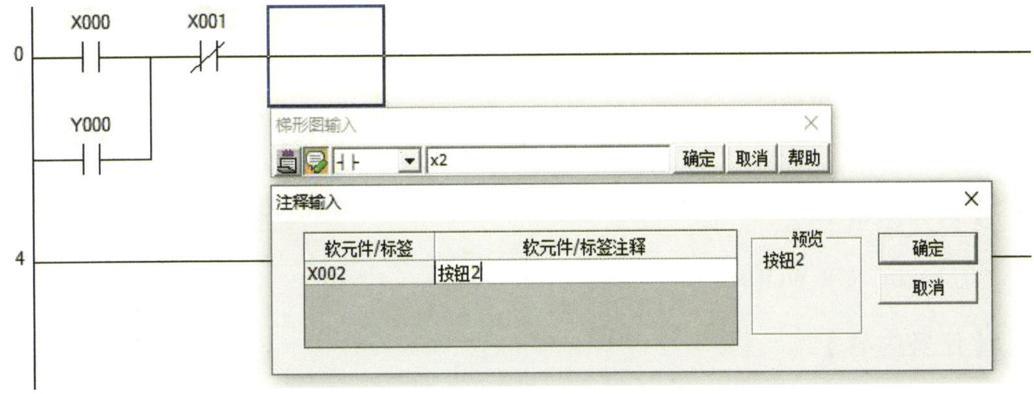

图 12-24　确定注释结果

完成注释后的效果见图 12-25。

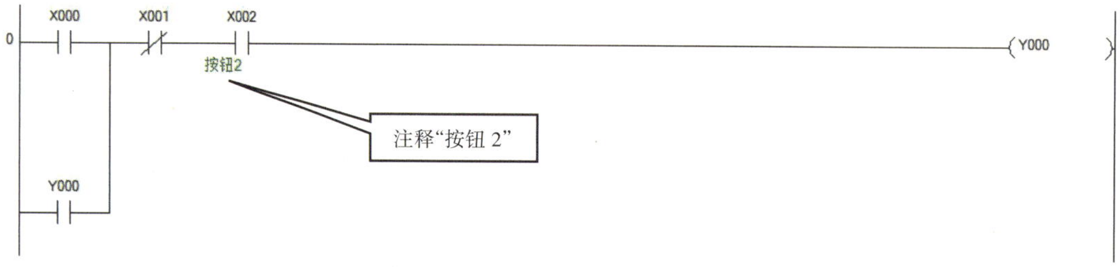

图 12-25　注释效果

4. 实训现象

通过实物按钮与程序的连接，可以控制点位的“得电”与“失电”，从而影响输出点位的“得电”与“失电”。

完成本项目实验后首先应“停止”PLC 的运行状态，再将 PLC 电源和回路电源切断。然后将实验台周围的卫生清扫干净，离开实验室。

【任务小结】

（1）接线前先仔细看电路图，分析电路图的要求。

（2）首先熟悉 GX-WORK2 的软件界面和基本功能。

（3）根据电路图的工艺要求完成程序的编写和调试。

（4）本项目的实验需要掌握以下几个知识点和技能：①看图、识图、设计图纸的能力；② GX-WORK2 的软件应用；③程序的下载；④程序的调试能力。

任务二　三菱 PLC 控制电动机正反转

【任务要求】

（1）能够根据电路图进行编程。

（2）可以根据电路图的要求进行调试。

【实训设备】

电脑、PLC、GX-WORK2 软件、下载线、按钮开关。

【任务内容】

1. 情景导入

王刚在对“启、保、停”电路的 PLC 编程方法进行学习后，对 PLC 编程提起了兴趣，在车间学习时他发现现场的卷扬机可以自动切换运行。他知道这个卷扬机的控制原理就是“正反转”电路，那能不能用 PLC 来对卷扬机进行控制呢？他带着这个问题又找到了师傅，师傅还是那句话:“我们先来看图纸吧!”

2. 任务原理

如图 12-26 所示,“正反转”电路工作原理:按下启动按钮 SB2, KM1 得电,电机正转运行。按下停止按钮 SB1, KM1 失电,电机停止运行;按下启动按钮 SB3, KM2 得电,电机反转运行。按下停止按钮 SB1, KM2 失电,电机停止运行。由于两条支路有互锁的条件,所以正转的时候按下反转启动按钮无效,反转的时候按下正转启动按钮也无效。

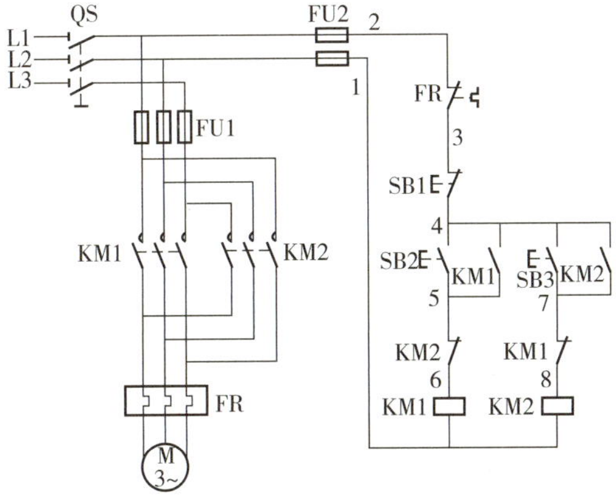

图 12-26　电机正反转电路图

3. 实训步骤

实验开始前应先检查电源的状态,保证 PLC 的供电线路接线正确。由于 PLC 既有交流 220 V 的接线,也有直流 24 V 的接线,因此需要特别加强接线检查。相关的设备如开关、电源和中间继电器等都需要检查后再通电。

1)I/O 表的编写

在遇到点位较多、控制工艺较为复杂的程序时,为方便后续编程可以先制作 I/O 表,后续根据 I/O 表进行程序编写,保持思路清晰(表 12-1)。

表 12-1　正反转 I/O 表

	地址	备注
输入	X0	正转启动
	X1	正转停止
	X2	热继 1
	X3	反转启动
	X4	反转停止
	X5	热继 2
输出	Y0	正转运行
	Y1	反转运行

2)PLC 硬件接线

每一个输入输出点都需要形成回路才能工作,下面将 FX3U 的开关量的输入和输出接线图做一个展示(图 12-27)。

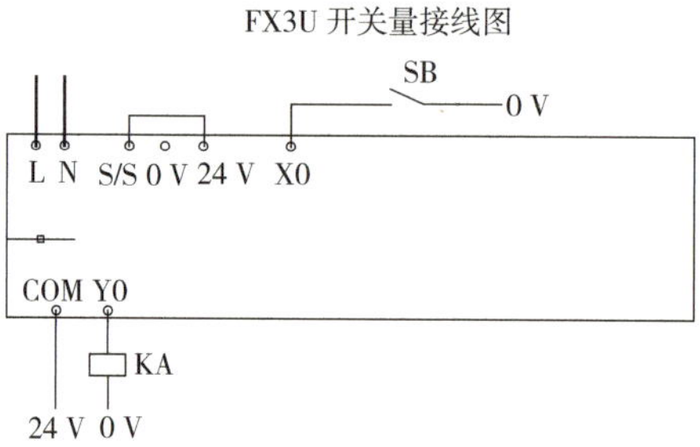

图 12-27 开关量接线方法

3)正反转程序的编写

根据编程方式,使用 GX-WORK2 进行编程。编程前先认真分析“启、保、停”电路的电路图编程方式,明白原理后进行编程作业。

(1)首先对正转回路进行编程,见图 12-28。

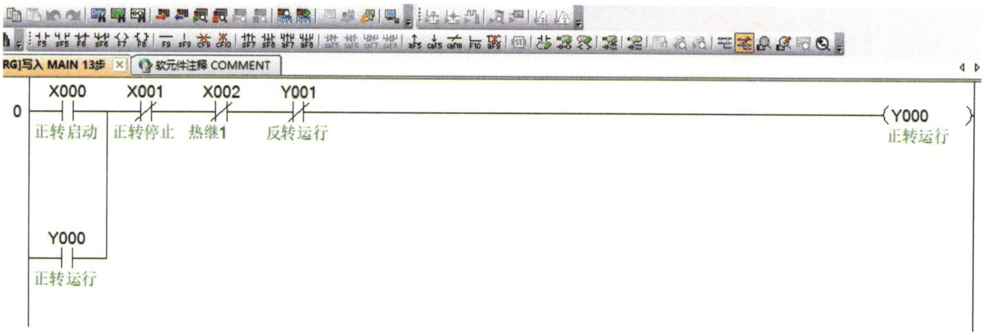

图 12-28 正转回路编程

(2)然后对反转回路进行编程,见图 12-29。

图 12-29 反转回路编程

4. 实训现象

完成编程后进入调试环节。

（1）首先点击与“X0”相连接的按钮，“Y0”得电，正转开始运行，为验证互锁的功能可以在正转运行过程中点击反转启动按钮“X3”，反转应不能启动，见图 12-30。

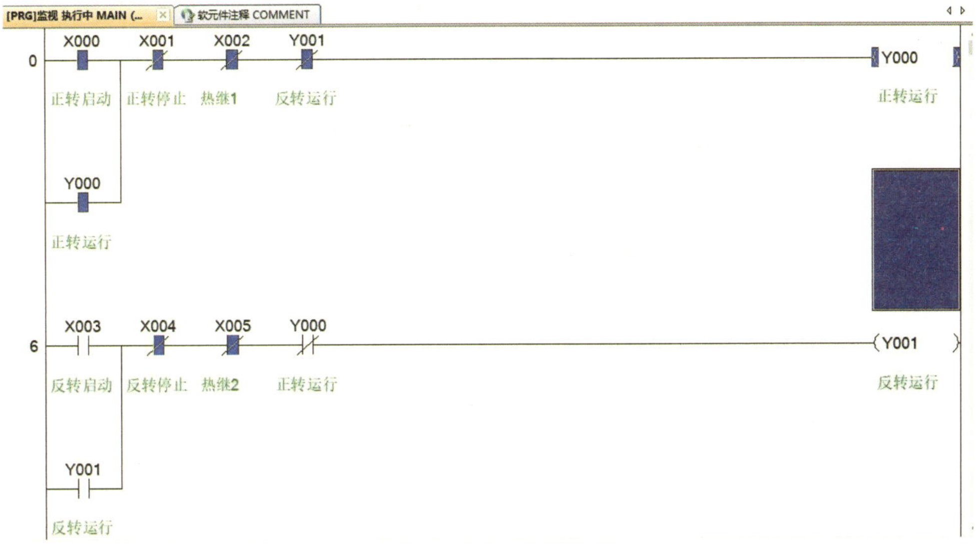

图 12-30　正转程序运行

（2）然后点击与“X1”相连接的正转停止按钮，“Y0”失电，正转停止运行。随后点击与“X3”相连接的反转启动按钮，“Y1”得电，反转开始运行。为验证互锁的功能可以在反转运行过程中点击正转启动按钮“X0”，正转应不能启动，见图 12-31。

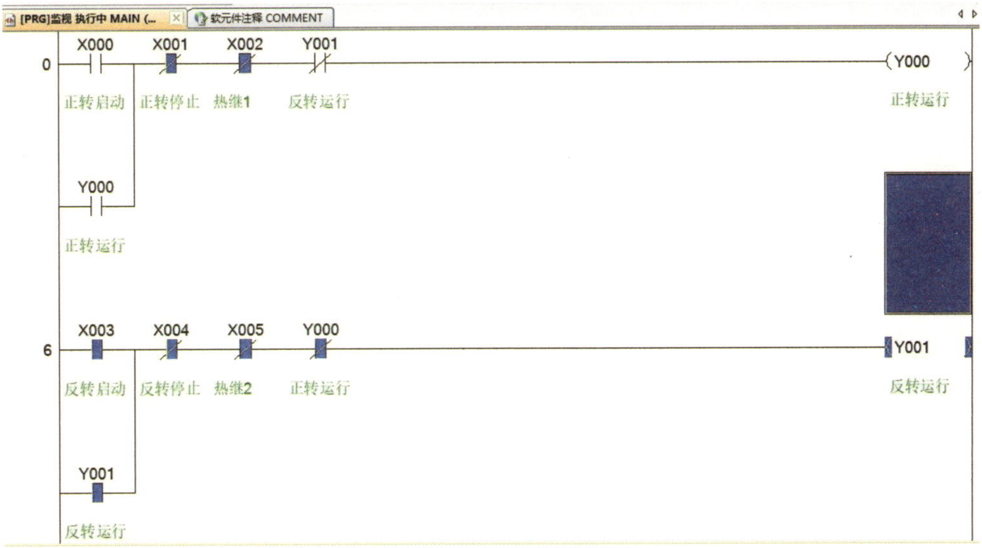

图 12-31　反转程序运行

实训任务结束后关闭 PLC 和电脑，由教师确认并关闭电源，实训人员打扫干净后方可离开实训室。

【任务小结】

（1）接线前先仔细分析电路图，分析电路图和梯形图编程的联系。

（2）编程前要熟悉硬件的配置及软件界面的使用方法。

（3）根据原理图的工艺要求进行编程，再通过程序调试验证程序。

（4）本项目的实验需要掌握以下几个知识点和技能：①看图、识图、设计图纸的能力；② GX-WORK2 的软件应用；③通过简单程序拓展复杂程序的能力；④对程序的互锁控制的应用；⑤程序的调试能力。

项目十三

汇川 PLC 控制三相交流异步电动机

项目名称	汇川 PLC 控制三相交流异步电动机
教学目标	知识目标 掌握汇川 PLC 的使用方法。 技能目标 通过控制电动机连续运行“启、保、停”“正反转”控制程序，让同学们掌握以下技能：可以根据电气原理图进行梯形图程序的编写；学会使用 AutoShop 软件的基本功能；可以使用 AutoShop 软件驱动电机；使用 PLC 控制电动机电路接线。 情感目标 通过学习汇川 PLC 的使用方法，将同学们带入自动控制技术的领域，激发同学们对自动控制技术的兴趣。 思政目标 通过完成任务的学习，让同学们真切感受到自动化控制技术给传统工业带来的变化，让同学们进一步学习先进的自动化技术来助推国家工业的发展
教学重点	三相异步电动机的使用方法
教学难点	三相异步电动机识图接线
教学方法	讲授法、情景教学法、项目教学法
学习方法	实验法、自主学习法、探究学习法
项目导读	在电机拖动课程学习中，同学们学习了很多利用继电器对电机进行控制的方法，但缺点是电机的启停都需要人工在设备现场进行操作，有没有办法可以对设备进行远程的操作控制，或自动控制呢？现在就让我们一探究竟。 本项目使用汇川 AutoShop 进行梯形图编程，驱动带电电机的启停。在本项目中不仅要学习硬件的使用，还要学习软硬件的连接、程序的上传和下载。在进行本系列的实验时要特别注意：PLC 的工作电源类型，不能交直流混淆，避免设备烧毁
项目任务	任务一　汇川 PLC 控制电动机启停
	任务二　汇川 PLC 控制电动机正反转

任务一　汇川 PLC 控制电动机启停

【任务要求】

（1）能够根据电路图进行 PLC 控制电动机“启、保、停”编程。

（2）程序的下载和监控。

（3）使用电路接线调试实现 PLC 控制电动机“启、保、停”。

【实训设备】

计算机、汇川 PLC AutoShop 软件、下载线、按钮开关。

【任务内容】

1. 情景导入

王刚在师傅的指导下，学习掌握了三菱 PLC，对机电设备、智能设备的运维技能有了很大的提升，但是，在工作过程中，他观察到有一部分机电设备、智能设备通过三菱 PLC 控制，但是有一部分机电设备、智能设备的 PLC 和三菱 PLC 不一样，这些设备的运维又成了王刚的难题，他特意把这些设备记下来，到师傅那里去请教，经过查阅品牌和功能，师傅告诉王刚，这些设备的 PLC 是汇川的，和三菱的 PLC 不一样。王刚在师傅的指导下，开始通过汇川 PLC 控制的设备学习汇川 PLC。

2. 任务原理

PLC 控制电动机连续运行“启、保、停”电路工作原理（图 13-1）：按下绿色启动按钮 SB2，KM 得电动作，设备连续运行。按下红色停止按钮 SB1，KM 失电，设备停止运行。

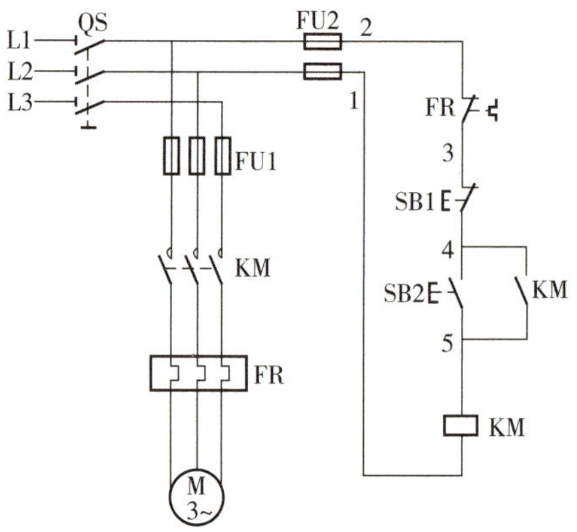

图 13-1　PLC 控制电动机连续运行项目原理图

3. 实训步骤

1)识图和设备功能介绍

先要进行原理图图纸分析,通过分析识图,了解图纸的控制工艺要求。在实验之初,同学们要知道汇川 PLC 的原理和功能,以及如何使用汇川 PLC 对外部设备进行操作。本次实验项目具有危险性,控制电动机所连接电压为 220 V,同学们要在老师的陪同下才可上电操作。

2)PLC 硬件介绍

如图 13-2 所示,汇川 H2u 系列 PLC 是中国开发的小型 PLC,在工业生产之中使用较为广泛,参数含义见表 13-1。

图 13-2　汇川 H2u-1616MT

表 13-1　汇川 H2u 系列 PLC 调制表头

H	公司产品信息	汇川控制器
2u	系列号	第二代控制器
16	输入点数	16 点输入
M	模块分类	通用控制器模块
T	输出类型	晶体管输出类型

运行状态指示灯,PWR 为电源指示灯;RUN 为运行指示灯(正常运行时闪烁);BAT 为电池电压低指示灯;ERR 为错误指示灯;RUN/STOP 为切换开关,启动时由 STOP 切换到 RUN,关闭时反之操作。

注意:如使用过程中“ERROR”灯亮起,说明出现了系统性故障,需要排除故障后才能继续工作。

如图 13-3 所示,这是可拆卸端子,拆卸端子时可用螺丝刀拧松端子两端黑色螺钉,注意不要完全拧松一个螺钉后再拧另外一个螺钉,而应该在拧松到大约一半时便拧另一个螺钉,交替直至两个螺钉拧松,此时端子头应该完全松动,可以轻轻往上提出端子头,完成端子拆卸。

	Y0	Y1	Y2	●	Y4	●	Y6	●	Y10	Y12	●	Y14	Y16	●
COM 0	COM 1	COM 2	Y3	COM 3	Y5	COM 4	Y7	COM 5	Y11	Y13	COM 6	Y15	Y17	

图 13-3　H2u-1616MT 接线端子定义

安装端子时，先把端子头放到位，然后先稍微拧一下一边螺丝，确认不会脱落时再去拧另一边的螺丝，交替着紧固两边的螺丝直到完成。注意紧固的时候要保证端子两端平衡插入，否则可能损坏端子从而引起接触不良或者短路。

3）软件使用介绍

（1）软件启动。双击桌面图标，启动软件。

（2）硬件配置选择。进入 AutoShop 软件后，首先点击"新建工程"图标。选项配置见图 13-4。

第一步：工程类型选择"新建工程"。

第二步：创建工程名。

第三步：保存路径到自己的文件夹。

第四步：PLC 类型选择"H2U"类型

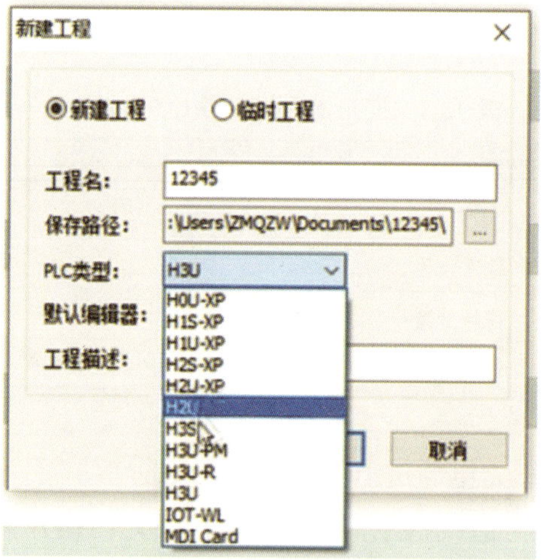

图 13-4　新建工程

完成新建工程配置，点击确定后，即可进入编程界面，如图 13-5 所示。

回顾之前学习的三菱 PLC 编程，两者之间的编程非常类似，除了界面操作不一样，先设置常开 X0 为按钮 SB1，常闭 X1 为按钮 SB2，最后完成线圈 Y0 的输出，常开并联 Y0，实现梯形图具有自锁功能，接下来我们完成 PLC 控制电动机连续运行的自锁梯形图编程，如图 13-6 所示。

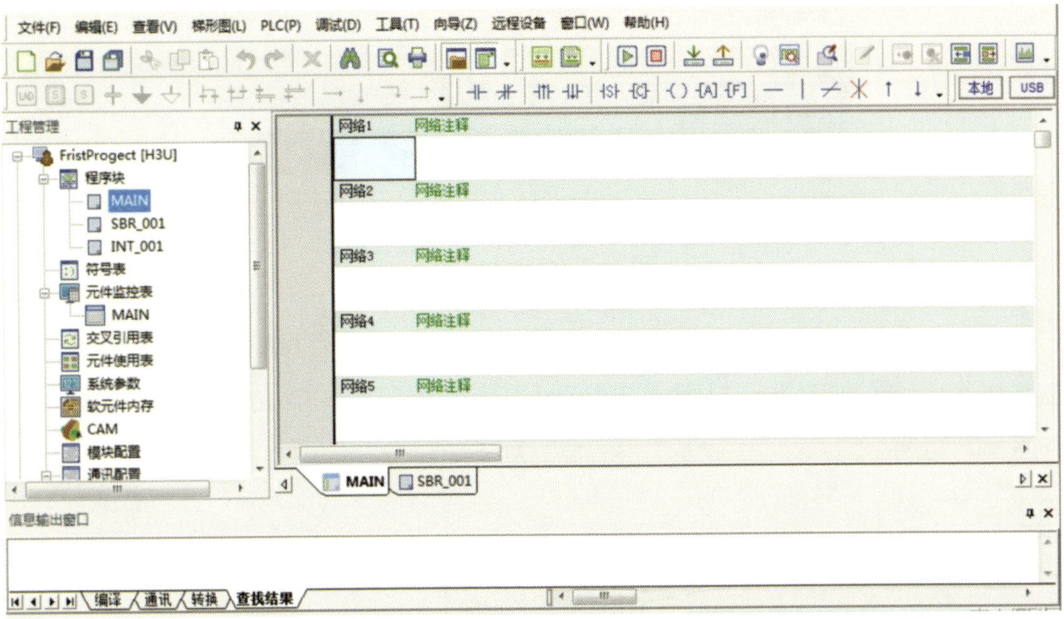

图 13-5　工程初始界面

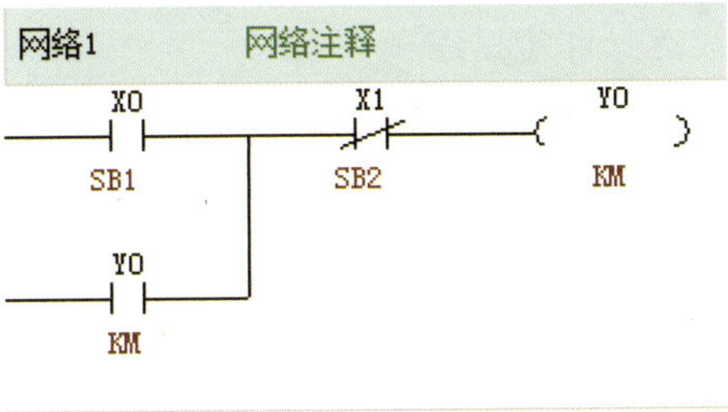

图 13-6　梯形图

完成编程后点击编译图标

，系统将自动检查程序的系统性错误。备注：我们可以通过信息输出窗口来进行程序编译结果的检查，如图 13-7 所示。

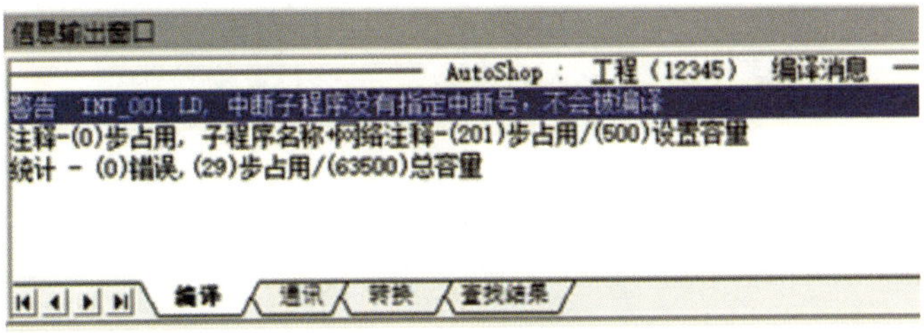

图 13-7　信息输出窗口

编译错误后则会有红色提醒，如图 13-8 所示。

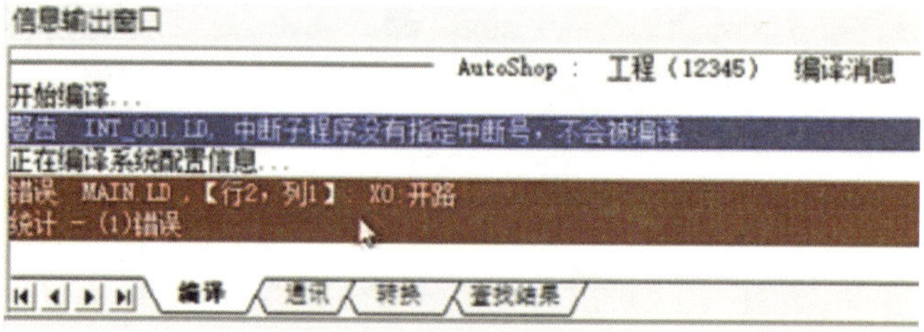

图 13-8 信息输出窗口

完成编译后将下载线连接，便可以点击“PLC 写入”，进行程序的下载。完成程序下载后便可点击“监视开始”对整个程序的情况进行监视，便于后续的程序调试，程序监视窗口见图 13-9。

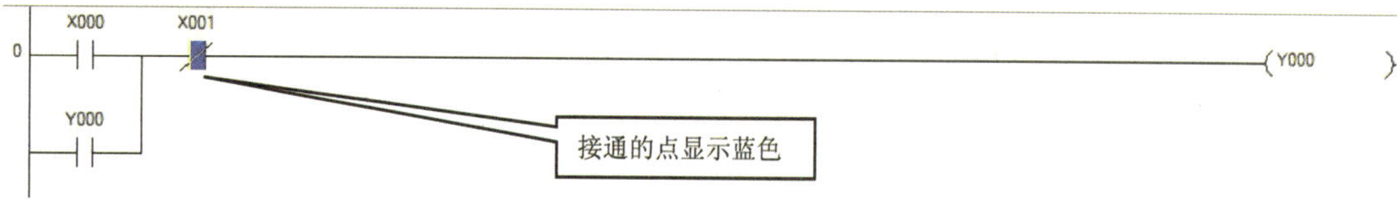

图 13-9 监控界面

4)PLC 控制电动机连续运行电气接线

注意：接线前必须牢记实训室规章制度及规程和操作流程，不得私自上电，每一次操作前都要经过任课教师的检查，在教师的协助下方可上电操作。

第一步，完成输出端的接线，如图 13-10 所示，接线结束时需要反复检查接线头螺丝是否拧紧，防止上电过程中脱落造成短路、触电等现象。

图 13-10 PLC 控制电动机连续运行电气接线

第二步，完成主回路接线，如图 13-11 所示。

图 13-11　主回路接线

第三步，电机接线。使用星形连接法进行接线，如图 13-12 所示，接线时应注意星形连接法是一种将三相电源与三相电机的绕组相连接的方法。具体来说，电机内部三相定子绕组的首或尾端连接，另一端三相分别通入 U、V、W 三相交流电运行。

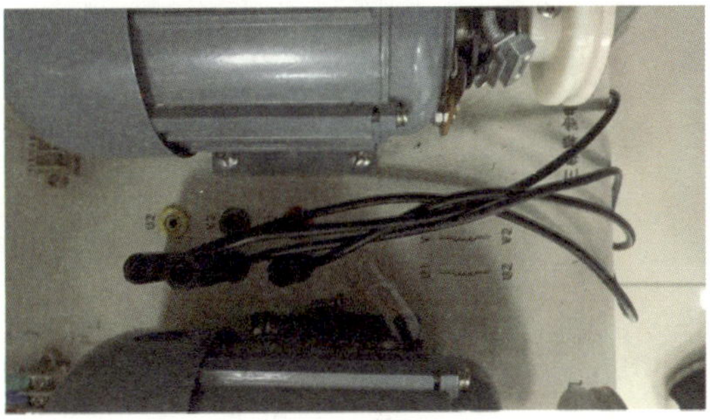

图 13-12　电机星形连接

第四步，电机接线端接线，如图 13-13 所示。

图 13-13　电机接线端

第五步,演示,举手示意老师进行以上操作检查,在教师协助下进行上电测试,按下绿色启动按钮,如图 13-14 所示。

图 13-14　启动按钮

PLC 控制电动机连续运行过程如图 13-15 所示。运行过程中手指不可触碰电机。

图 13-15　电动机旋转

停止电动机,按下红色停止按钮,如图 13-16 所示。

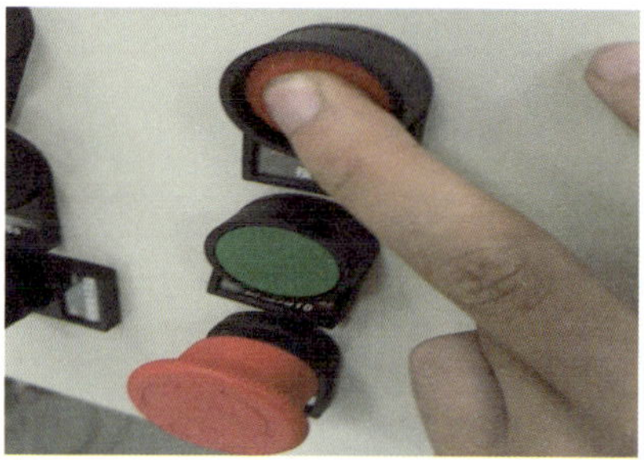

图 13-16　停止按钮

电动机停止运行,如图 13-17 所示。

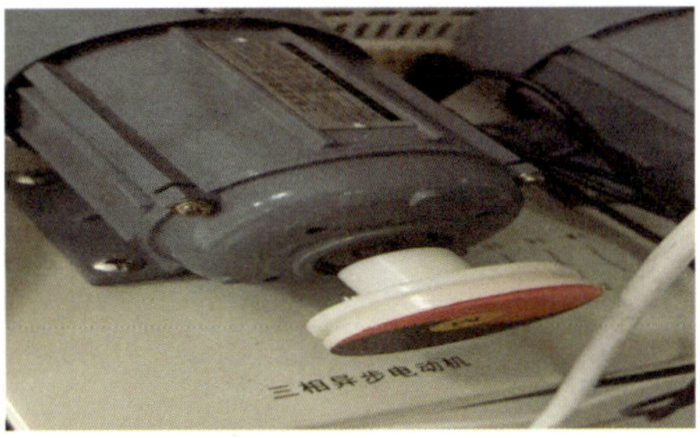

图 13-17　电动机停止

第六步，观察条形图在运行过程中呈现的状态。

按下按钮后“X0”接通，导致“Y0”得电，见图 13-18。

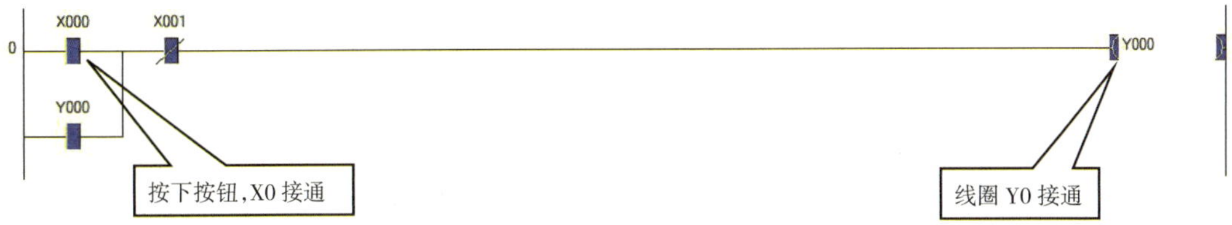

图 13-18　得电效果

最后，按下与“X1”相连接的按钮，程序中的“X1”失电，导致线圈“Y0”失电，见图 13-19。

图 13-19　失电效果

【任务小结】

（1）接线前先仔细观察电路图，分析电路图的要求。

（2）熟悉 AutoShop 的软件界面和基本功能。

（3）根据电路图的工艺要求完成程序的编写和调试。

任务二　汇川 PLC 控制电动机正反转

【任务要求】

（1）能够根据电路图进行 PLC 控制电动机“正反转”编程。

（2）程序的下载和监控。

（3）使用电路接线调试实现 PLC 控制电动机“正反转”。

【实训设备】

电脑、汇川 PLC AutoShop 软件、下载线、按钮开关。

【任务内容】

1. 情景导入

王刚在师傅的指导下学习了汇川 PLC，并且和三菱 PLC 进行了对比，找出了各自的优势和不足，进一步提高了自己的自动化控制技术。王刚将汇川 PLC 和三菱 PLC 进行对比学习，收获颇丰，今天他对比着三菱 PLC 控制电动机“正反转”，进一步学习使用汇川 PLC 控制电动机“正反转”。

2. 任务原理

如图 13-20 所示，“正反转”电路工作原理：按下启动按钮 SB2 时，KM1 接触器得电动作，电机正转运行。按下停止按钮 SB1 时，KM1 接触器失电，电机停止运行；按下启动按钮 SB3 时，KM2 接触器得电动作，电机反转运行。按下停止按钮 SB1 时，KM2 接触器失电，电机停止运行。由于两条支路有互锁的条件，所以正转的时候按下反转启动按钮无效，反转的时候按下正转启动按钮也无效。本实验项目具有危险性，控制电动机所连接电压为 220 V，同学们需要在老师的陪同下才可上电操作。

3. 实训步骤

1）创建工程

（1）双击桌面图标，启动软件。

（2）进入 AutoShop 软件后，首先点击“新建工程”图标，选项配置见图 13-21。

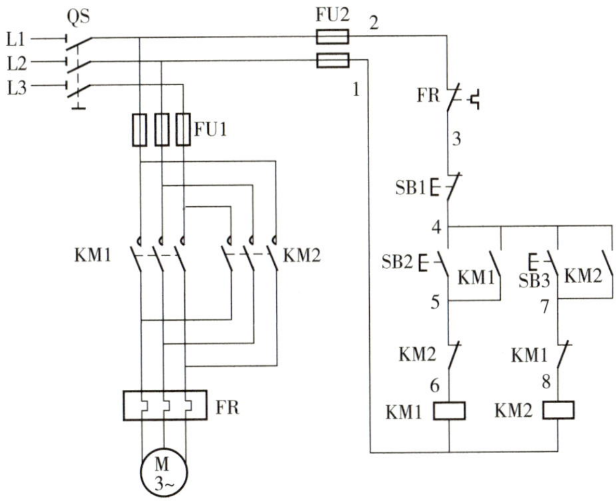

图 13-20　PLC 控制电动机正反转运行项目原理图

第一步：工程类型选择“新建工程”。

第二步：创建工程名。

第三步：保存路径到自己的文件夹。

第四步：PLC 类型选择“H2U”类型。

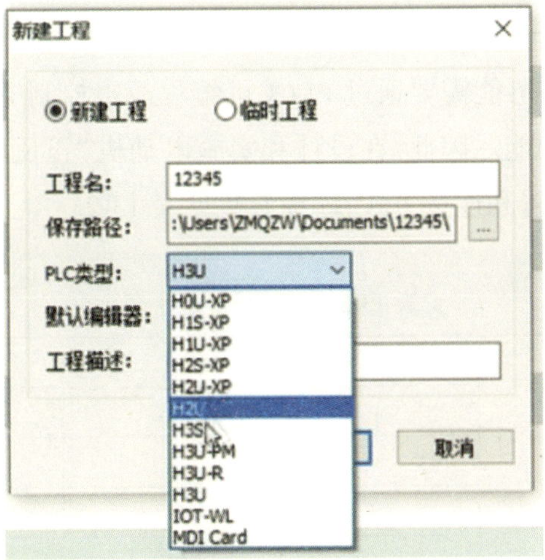

图 13-21　新建工程

完成新建工程配置并点击确定后，即可进入编程界面，如图 13-22 所示。

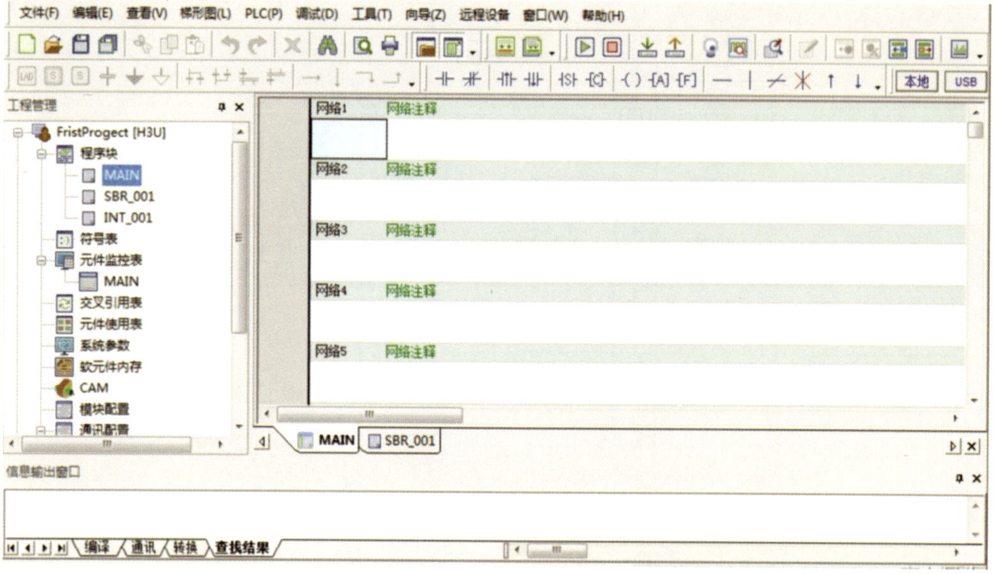

图 13-22　工程初始界面

2）编写 I/O 口

什么是 I/O 口，I/O 描述主要涉及输入（Input）和输出（Output）信号在电动机控制系统中的作用和配置。在实际应用中，电动机控制系统的 I/O 配置会根据具体的控制需求和应用场景进行定制。

例如，在某些应用中，可能需要通过 PLC（可编程逻辑控制器）或其他控制设备来实现复杂的逻辑控制和监控功能。因此，在设计和实施电动机“正反转”控制系统时，需要仔细考虑和规划 I/O 信号的配置和连接方式，详细参数见表 13-2。

表 13-2　“正反转”I/O 表

	地址	备注
输入	X0	正转启动
	X1	正转停止
	X2	热继 1
	X3	反转启动
	X1	反转停止
	X5	热继 2
输出	Y20	正转运行
	Y21	反转运行

3）PLC 硬件接线

每一个输入输出点都需要形成回路才能工作，汇川 H2u-1616MT 的开关量的输入和输出接线如图 13-23 所示。

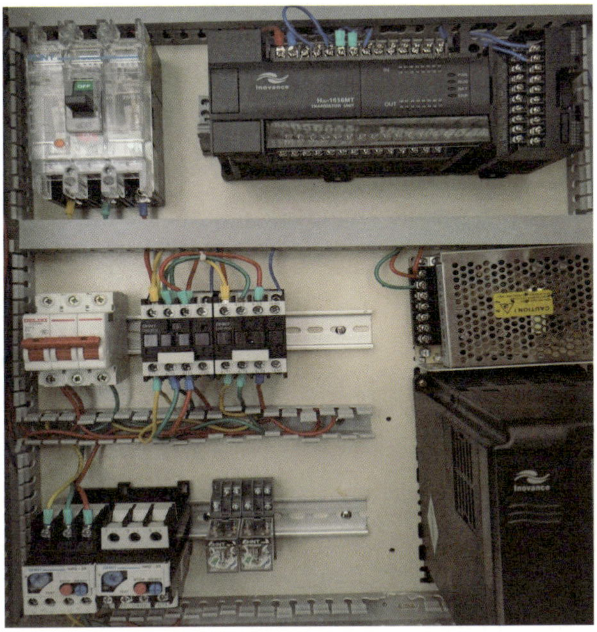

图 13-23　电动机正反转接线图

4）正反转程序的编写

学习完电动机的“启、保、停”控制后，我们来学习三相交流异步电动机控制里面进阶的“正反转”控制，也就是“互锁电路”。首先了解三相交流异步电动机可以实现电动机正转、反转的工作原理，然后进行编程。程序原理和电路原理大致相似，只是编程软件界面中常开、常闭和线圈的符号与实际电路的符号不太一样。PLC 编程就是电路转化为程序的过程，简单的电路直接转化成程序就可以使用。图 13-24 为电动机正转运行的程序梯形图。

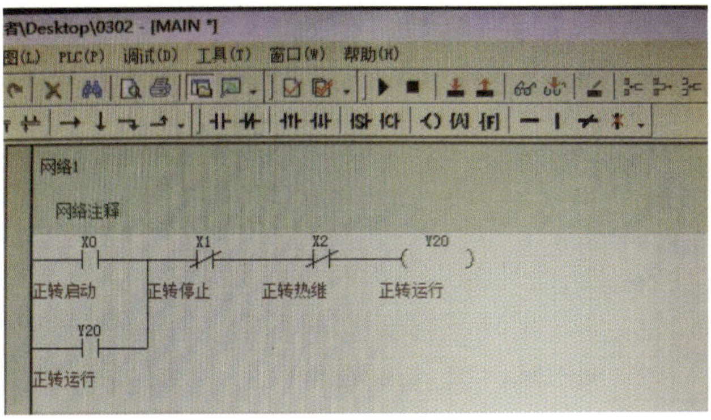

图 13-24　电动机正转运行的程序梯形图

故此也可得出反转的梯形图，如图 13-25 所示。

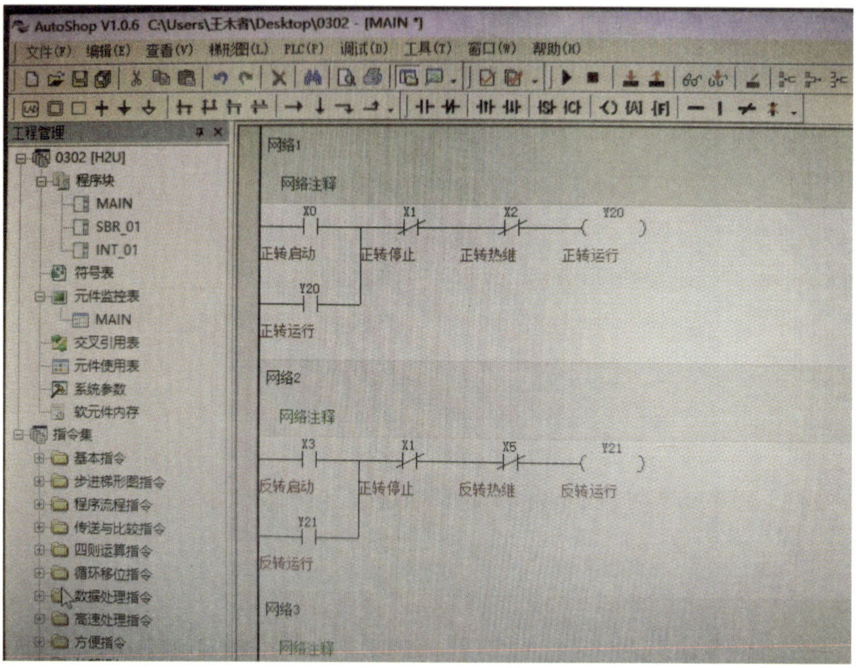

图 13-25 电动机反转运行的程序梯形图

4. 实训现象

完成编程后进入调试环节。

（1）首先点击与“X0”相连接的按钮，“Y20”得电，正转开始运行，为验证互锁的功能可以在正转运行过程中点击反转启动按钮“X3”，反转应不能启动。

（2）然后点击与“X1”相连接的正转停止按钮，“Y20”失电，正转停止运行。随后点击与“X3”相连接的反转启动按钮，“Y21”得电，反转开始运行。为验证互锁的功能可以在反转运行过程中点击正转启动按钮“X0”，正转应不能启动。

【任务小结】

（1）接线前先仔细观察电路图，分析电路图和梯形图编程的联系。

（2）熟悉 AutoShop 的软件界面和基本功能。

（3）根据电路图的工艺要求进行编程，再通过程序调试验证程序的正确性。